AF453090

LE LABOUREUR

INSTRUIT PAR LA NATURE

LE LABOUREUR

INSTRUIT PAR LA NATURE

NOTIONS NÉCESSAIRES

*aux Fermiers et Cultivateurs pour rendre plus productive
l'exploitation de leurs terres*

Par Frédéric MOEHRLIN

TRADUIT ET APPROPRIÉ A L'USAGE DES FERMIERS FRANÇAIS

Par A. LE-CLÈRE

Fondateur du journal les *Lettres aux Châteaux*
Rédacteur à la *Revue des Livres nouveaux*

PARIS

PAUL SCHMIDT, IMPRIMEUR-ÉDITEUR

5, RUE PERRONET, 5

1883

AVANT-PROPOS DU TRADUCTEUR

—

La Petite Culture, toute traditionnelle, routinière
et ignorante, est presque partout encore ce qu'elle
était il y a un siècle. Chaque jour, cependant, on a
depuis trente ans publié beaucoup d'écrits sur l'industrie agricole; mais ces ouvrages, très intéressants
et fort utiles à divers titres, s'adressent tous, sans
aucune exception, aux cultivateurs aisés, aux fermiers
instruits à ce que l'on appelle la Grande Culture;
on y parle une langue qui n'est pas celle du petit cultivateur.

Les paysans, sont gens très simples, il faut causer
avec eux simplement, sans phrases, comme ils le
feraient entre voisins lorsque le soir, après le dur
labeur du jour, assis sur le banc qui s'appuie près de
la porte d'entrée de la chaumière, ils devisent du
temps probable pour le lendemain, du prix des céréales
ou de la faiblesse des cours de vente sur le dernier
marché.

Des livres, à peine voit-on un almanach sur le

manteau de la haute cheminée de la grande salle où
la famille se réunit à l'heure du repas. — Le paysan
n'aime pas les gros volumes; la phraséologie l'endort;
les théories sont trop abstraites pour son instruction
primitive. — Il aimerait cependant à lire au *livre de
la nature*, livre toujours ouvert à celui qui le veut
consulter; mais encore faudrait-il qu'il eût appris à y
lire.

Frédéric Moehrlin est certainement l'homme qui, de
l'autre côté du Rhin, a le mieux su trouver l'*oreille* du
paysan : pas de phrases, il cause avec lui, il le tutoie
même par moments, et les comparaisons dont il se sert
pour appuyer sa démonstration, sont prises dans le
vocabulaire de la ferme.

Lorsque l'éditeur Schmidt a voulu fonder ce qu'il a
denommé, très judicieusement, la BIBLIOTHÈQUE DE LA
FERME, il nous a dit : « Conservez dans la traduction
que vous voulez faire de quelques ouvrages étrangers, la
simplicité qui est un des plus grands mérites de ces
écrits; » et nous nous sommes conformés à ce pro-
gramme. Il a bien voulu me confier la traduction et
l'adaptation aux usages et à la forme française du
second volume de cette bibliothèque (1) : j'y ai donné
tous mes soins, m'attachant avant tout à ne point trop
m'écarter du texte primitif.

(1) Le 1ᵉʳ volume, *Traité pratique de Laiterie*, par le Dʳ de Klenze, a
été traduit par M. A. Delalonde, feu le fondateur du journal *l'Industrie
laitière*.

Ce second volume aura-t-il le même succès que son aîné? nous le croyons fermement; non point à cause du très faible mérite de l'adaptateur, mais justement parce que j'y ai mis fort peu du mien. Lorsqu'un homme comme Moehrlin a écrit un chef-d'œuvre de science agricole, si simple et si profond à la fois, on respecte son œuvre en ne la déflorant pas.

En mettant intelligemment en pratique les conseils que la *nature lui donne*, puisque c'est elle que nous faisons parler, le laboureur reconnaîtra qu'elle est une bonne, douce et tendre mère, qui ne demande à celui qu'elle nourrit que des soins délicats et dévoués, qu'elle sait récompenser d'un sourire et de grasses moissons. Que le paysan consacre les jours où le mauvais temps le retient, inoccupé, sous son chaume, à lire et *relire* ce petit volume qui a été écrit et traduit spécialement pour lui : il verra peu à peu grossir les économies qui lui permettront d'acquérir de nouvelles parcelles de terre à cultiver.

Que pouvons-nous lui souhaiter de mieux?

A. Le-Clère.

LE LABOUREUR

INSTRUIT PAR LA NATURE

CHAPITRE I

Éléments de toute vie et de toute croissance dans la nature :
l'Air, l'Eau, la Chaleur, la Lumière.

Dans la chaumière, par les froides soirées d'hiver, alors
que la bise glacée souffle au dehors ; à la lueur incertaine
de la lampe fumeuse qui projette à peine une lumière dou-
teuse sur les objets environnants, l'esprit se berce dans le
rêve.

La bûche crépite dans l'âtre, tandis que le vent du nord
cherche à ébranler, en mugissant, les volets bien clos. La
rafale fait rage dans la plaine, mais les étincelles volti-
gent joyeusement dans le foyer.

Indifférent aux âpretés de la froidure extérieure, on
aime à suivre distraitement les méandres capricieux de
la fumée bleue qui monte, en serpentant, vers le faite de
la cheminée noircie.

La rêverie qui vient vous surprendre au milieu de cette douce béatitude, ne présente que de riantes images.

La semence, recouverte d'un manteau de neige, sommeille chaudement, comme un enfant dans son blanc berceau. Elle attend l'heure prochaine d'une vie nouvelle !

Et l'on rêve déjà de ce réveil de la vie, quand le souffle du midi viendra fondre la neige, balayant avec la pluie et les orages l'enveloppe de glace qui recouvre le sol. Que la terre durcie doit se sentir heureuse sous la première pluie tiède du printemps, quand la chaleur nouvelle vient réveiller doucement la semence endormie, quand le germe pressé de revenir à la vie fait sortir du sol une verte feuille, pour regarder ce qui se passe hors de son sein, tandis qu'il plonge dans la terre une petite racine ; car il a besoin d'humidité et de nourriture, pendant qu'au dehors les feuilles et la tige absorbent l'air et la lumière du soleil.

L'*air* et l'*eau*, la *chaleur* et la *lumière*, tels sont les éléments indispensables de toute vie et de toute végétation. Qu'un seul manque, adieu tout germe et toute floraison. Comme la mauvaise herbe demeure de longues années, profondément enfouie sous la terre, jusqu'au jour où elle se montre à la surface et y trouve l'air qu'il lui faut pour germer, de même aucune plante ne croît dans un lieu sombre ni ne peut y faire briller la verdure de ses feuilles et de sa tige. Voyez au pôle nord : la terre y est sans souplesse et sans vie, car jamais le souffle tiède du printemps ne lui apporte la chaleur nécessaire à donner la vie à la moindre mousse. Voyez le désert : il est stérile et infécond, parce que jamais une goutte d'eau n'y fait éclore et germer la semence.

Le cultivateur, qui doit à ces quatre collaborateurs sa moisson et le fruit de son travail, doit les connaître à fond : alors il saura se servir de ces excellents, équitables et fidèles amis ; il trouvera plus de joie dans ses labeurs.

L'Air.

C'est à bon droit que nous parlerons d'abord de l'*air*, malgré l'ignorance de millions d'hommes qui n'en connaîtraient même pas l'existence, s'ils n'en avaient entendu parler à l'école : car on ne le peut ni saisir ni sentir; on ne le voit pas et les pauvres diables savent qu'on n'en vit pas. Il est là pourtant; il nous est indispensable comme l'eau l'est au poisson; et si vous mettiez dans un endroit sans air une souris ou un oiseau, vous les verriez mourir incontinent.

Nous parlerons ailleurs des parties nutritives et vivifiantes de l'air : contentons-nous ici de mentionner les qualités qu'il a comme corps.

« Quoi! direz-vous, l'air est un corps, et il n'est ni visible ni tangible?

— Oui, l'air est un corps soixante-dix-sept fois plus léger que l'eau, et bien qu'il pénètre tous les autres, même l'eau, le bois, la pierre, la couche d'air épaisse de plusieurs milles qui entoure la terre, exerce sur elle l'importante pression de 180 livres par mètre carré.

— Comment! l'air exerce une pareille pression et nous n'en ressentons rien? demandez-vous, un pareil poids nous écraserait?

— Oui, mais il ne nous écrase pas, parce que l'air presse également de tous les côtés et qu'il y a ainsi un parfait équilibre de forces. Le baromètre indique fort bien cette pression; car l'espace qui est au-dessus du mercure ne renferme pas d'air, et par suite, sous la pression de l'air extérieur. le mercure remonte jusqu'à ce que son poids égale celui de la colonne d'air ambiant. Si vous transportez un baromètre sur une haute montagne, vous verrez que le mercure descend, parce que l'air y est moins dense. Le poids de l'air diminue naturellement avec l'élévation, le baromètre n'étant autre chose qu'une balance à air. Remarquez, cependant, qu'au même endroit le mercure tantôt monte et tantôt descend : cela provient de ce que l'air est plus lourd quand il est pur et sec, et plus léger quand il est saturé de vapeurs d'eau qui sont plus légères que lui. »

Nous avons un exemple quotidien de la pression de l'air quand nous mettons en branle le balancier d'une pompe. On enlève ainsi l'air du corps de pompe, parce que le clapet, quand le mouvement vient de haut en bas, s'ouvre sous la pression de l'air comprimé, et le laisse s'échapper; ensuite, sous le mouvement de bas en haut, le clapet se ferme sous la pression de l'air extérieur. Par suite de la pression exercé par l'air sur l'eau d'un puits, celle-ci s'élève dans tout l'espace d'où l'air a été enlevé en partie, jusqu'à la hauteur où le poids de la colonne d'eau devient égal à celui de la couche d'air qui se fait sentir sur la terre, c'est-à-dire jusqu'à 9 mètres 1/2. Une pompe ordinaire n'élève pas l'eau plus haut.

L'air échauffé se dilate dans des proportions extraordinaires : il s'allège alors et s'élève, comme nous le voyons quand on en remplit un ballon, qu'il soulève et emporte avec lui dans les airs. De même dans une chambre, l'air le plus chaud monte. Aussi, le plafond est-il plus chaud que le plancher tandis que par en bas souffle un vent froid, qui nous glace les pieds pendant l'hiver, lorsque le dessous des portes n'est pas parfaitement clos.

L'origine du vent est la même : il provient de ce que la chaleur n'est pas égale dans toutes les parties de la terre; il a deux directions principales : du pôle nord, partie la plus froide de la terre, à l'équateur qui en est la plus chaude, et réciproquement. Tandis qu'à l'équateur un air brûlant s'élève dans les hauteurs, l'air froid du nord s'y précipite, et communique son impulsion à l'air échauffé qui se dirige à son tour vers le septentrion. De là, naissent les vents du nord et du sud, mais en même temps, le tour fait par la terre de l'ouest à l'est, leur donne une direction plutôt nord-est ou sud-ouest. En outre, il y a naturellement beaucoup de causes locales qui produisent les vents d'après le même principe.

De même que nous pouvons infiniment dilater l'air, nous pouvons aussi, mais à un bien moindre degré le comprimer. Avec la plus grande force, on ne saurait enfoncer jusqu'au fond d'un tuyau fermé par en bas, un corps qui en remplit exactement la capacité. Car l'air qui est là s'y oppose, réclame sa place et prouve ainsi, indiscutablement, qu'il est un corps. En revanche, l'air comprimé a la propriété de se dilater de nouveau en un instant, en vertu d'une force qui s'appelle l'élasticité, et qui est aussi active que l'a été la force de compression. Dans une pompe à incendie par exemple, l'élasticité de cet air comprimé agit avec assez de force sur l'eau ramassée dans la pompe, pour que le tuyau en lance au loin des jets rapides et incessants.

L'Eau.

L'*eau* est presque aussi répandue sur la terre que l'air ; car les trois quarts de la superficie du globe en sont recouverts. Non seulement nous la voyons en grandes masses dans les sources, les fleuves, les lacs, la mer, mais elle forme encore les trois quarts du poids des plantes et des animaux. La sève des plantes, le sang de l'homme et celui des animaux, sont composés d'eau pour la plus grande partie ; l'eau forme les quatre cinquièmes de nos boissons : lait, vin, bière, etc. L'eau est partout une nécessité de la vie ; non seulement elle est elle-même un aliment, mais elle dissout les parties nutritives qui se trouvent dans le sol et les ramène aux racines des plantes. Les hommes et les animaux ne peuvent manger et digérer qu'une nourriture dont l'eau facilite la décomposition.

Comme l'air, l'eau se dilate également quand elle est chauffée et change alors de forme. Elle peut se dilater jusqu'à devenir plus légère que l'air. Vapeur invisible, elle s'élève dans l'atmosphère, de même que notre haleine ne se voit pas dans une chambre chaude. Mais si l'air est froid, notre haleine se change en une vapeur visible, parce que les molécules de l'eau se condensent alors rapidement. Si l'on respire contre la vitre froide d'une fenêtre, la condensation de l'eau est si rapide que la vapeur redevient en une seconde une goutte d'eau. Même métamorphose pour les vapeurs qui, par de chaudes journées, s'élèvent dans l'air et s'y accumulent, pour se refroidir peu à peu, et former des nuages. Et quand les nuages eux-mêmes sont assez refroidis et condensés pour peser plus que l'air, ces vapeurs forment des gouttes et tombent en pluie. Si les gouttes gèlent en l'air, elles deviennent des grêlons; si les vapeurs ont été gelées dans les nuages mêmes, elles se changent en flocons de neige. La vaporisation se produit même quand l'eau est à une température un peu basse, mais elle est beaucoup plus rapide quand elle bout. L'eau, qui se refroidit dans l'air, rafraichit l'air lui-même par son éternel mouvement de bas en haut et réciproquement.

L'eau n'occupe jamais moins d'espace qu'à la température de quatre degrés de chaleur; une fois là, qu'elle se refroidisse ou qu'elle s'échauffe, elle se dilate, jusqu'à zéro où elle gèle et se solidifie. L'eau gelée se dilate avec une force extraordinaire, ainsi par les grands froids, la sève des arbres gèle et elle est capable de les faire craquer et de les fendre. L'eau gelée brise les vases faits de la terre la plus solide, elle crevasse la terre exposée aux rigueurs de l'hiver, d'où le proverbe : « La gelée est le meilleur laboureur. »

La glace étant plus légère que l'eau, surnage, ce qui empêche le refroidissement exagéré des couches inférieures.

La Chaleur.

Venons-en à la *chaleur!* Qu'on s'en rende compte ou non, tout le monde l'aime, depuis l'enfant qui sommeille heureux sur le sein maternel, le poussin qui se cache sous les ailes de la poule, le petit chat qui s'étend au soleil, jusqu'au grand-père qui cherche à remplacer auprès du poêle la chaleur intérieure qui s'en va, et le vieux buveur qui demande à la bouteille de le réchauffer. Tout être, pour grandir, pour prospérer, a besoin d'une certaine quantité de chaleur, fût-elle très minime.

La source de toute chaleur est le soleil. Ses rayons répandent partout la lumière et la chaleur, sans lesquelles rien ne peut grandir.

Cependant, la terre possède une chaleur qui lui est propre, qui l'empêche, l'hiver, de geler jusque dans ses profondeurs, et qui suffit pour entretenir toute l'année une température modérée. Elle a pour cause une masse de feu liquide qui se trouve dans l'intérieur du globe terrestre. La chaleur peut avoir encore d'autres causes : elle est produite par l'incendie des corps, par leur décomposition, par la respiration, par des transformations ou des décompositions chimiques, par des coups, par le frottement, par le tonnerre, etc.

La chaleur n'est pas un corps ; car si nous en ressentons les effets, nous ne pouvons ni la saisir ni la peser. Nous la trouvons toujours là où une force agit, là où un corps se dissout. Elle est alors libre, c'est-à-dire sensible. Dans la formation de nouvelles matières au contraire, une certaine chaleur existe à l'état latent ; car, de même qu'elle retrouve sa liberté et se fait sentir, par exemple, quand

on brûle du bois, de même une plante qui croît renferme
une certaine quantité de chaleur, en rapport avec celle
qui se déploiera plus tard quand on la brûlera. Si nous
observons les effets de la chaleur, nous verrons qu'elle se
communique soit directement d'un corps à l'autre, soit par
le rayonnement des corps échauffés qui se trouvent dans
l'air. Les corps reçoivent ou prêtent plus ou moins facilement la chaleur. La chaleur se communique rapidement
d'un bout d'une barre de fer à l'autre; nous pouvons, au
contraire, tenir une allumette entre nos doigts jusqu'à ce
qu'elle soit presque brûlée. Un fourneau en fer s'échauffe
et se refroidit très vite, tandis que tout le contraire a
lieu pour ceux en faïence, parce que ce corps est un mauvais conducteur de la chaleur. C'est en vertu du même
principe qu'un lit de plumes tient chaud à notre corps, et
que la neige garantit nos moissons contre la gelée, l'un et
l'autre étant mauvais conducteurs de la chaleur. C'est la
non conductibilité que l'on recherche pour les corps dont
on se sert pour préserver certains objets du chaud ou du
froid : ainsi on choisit la neige, le foin, la cendre, etc.

La couleur peut aussi indiquer le degré de capacité d'un
corps à recevoir la chaleur. Ceux de couleur foncée s'é-
chauffent plus vite que ceux de couleur claire ; ainsi, la
terre noire s'y prête à merveille, tandis que la neige n'en
absorbe et n'en renvoie que fort peu, d'autant plus que
ses molécules étant peu resserrées, elles en font un mauvais
conducteur. Les corps rugueux et aux mollécules écartées
absorbent moins bien la chaleur que ceux qui sont plus
unis et mieux condensés, et la renvoient plus vite.

La chaleur dilate les corps. Ce principe a amené la découverte d'un instrument qui sert à la mesurer : le thermo-
mètre. Il se compose d'un tube assez long, fermé par en
haut, et muni dans le bas d'une boule contenant du mercure.
L'espace qui est au-dessus ne contient pas d'air. Or, du

point où arrive le mercure quand le tube est plongé dans la glace fondante à celui qu'il atteint dans l'eau bouillante, on a divisé la longueur en 60 ou 100 parties ou degrés. Comme il y a de plus grands froids que celui de la glace fondante, au-dessous du point *zéro* on a établi une division descendante, allant jusqu'à 35 ou 40 degrés de froid, point où le mercure gèle.

La vitalité des plantes dans un pays dépend beaucoup plus de la chaleur moyenne, que de la chaleur extrême du pays. C'est la chaleur moyenne en effet qui leur permet de résister au grand air.

De l'équateur, ceinture de la terre, où règne un éternel et brûlant été, la chaleur dominerait graduellement jusqu'aux pôles toujours glacés, sans des circonstances qui influent sur le climat. En premier lieu, la hauteur du sol au-dessus du niveau de la mer. Ainsi, même près de l'équateur, se trouvent des montagnes couvertes d'une neige éternelle, mais à une hauteur double du point où l'on atteint les cimes neigeuses de nos contrées. La terre s'échauffe beaucoup plus vite que l'eau, mais la renvoie aussi beaucoup plus promptement. Dans les grandes étendues de terrain par exemple, la différence de climat entre l'été et l'hiver, le jour et la nuit, est beaucoup plus tranchée que près des grandes masses d'eau, où ces oscillations ne sont jamais aussi forte : l'Angleterre, qui est entourée d'eau, a des hivers fort doux et des étés assez tempérés ; à la même latitude, la Russie septentrionale a des étés beaucoup plus chauds et des hivers beaucoup plus froids.

D'autres circonstances locales modifient le climat ; le voisinage et la direction des chaines de montagnes, qui tantôt garantissent le pays des vents froids, et tantôt rafraichissent considérablement les vents chauds qui soufflent sur elle. Les grandes forêts et les marais rendent la température plus humide et plus fraiche. Un terrain est plus ou moins réchauffé suivant son inclinaison : les rayons solaires tombant plus épais et d'aplomb sur une pente y produisent plus d'effet que sur un terrain plat. Un terrain en pente, regardant le nord est moins exposé au soleil et par suite âpre et froid. La pente méridionale reçoit mieux la chaleur du soleil, mais est plus exposé à tous les dangers de l'hiver, à la gelée et au dégel, si à craindre pour les moissons. La pente orientale est la proie des vents froids et secs de l'ouest; les plantes herbacées, la luzerne et le trèfle, y périssent aisément, parce qu'elles sont souvent exposés à la flamme du soleil après avoir été gelées.

La Lumière.

La *lumière* est intimement liée à la chaleur, car le soleil nous envoie l'une et l'autre, encore que les rayons solaires soient différents des rayons lumineux.

L'influence de la lumière sur tous les êtres vivants est extraordinaire ; nous lui devons la conscience que nous avons de notre vie et les plus grandes joies que nous y goûtions. Elle exerce sur nos nerfs un charme bienfaisant. A l'éclat du soleil, ne sentons-nous pas s'alléger notre cœur ?

La lumière est absolument indispensable à la vie et à la croissance des plantes : sous son influence seule, se produit la transformation et l'assimilation des matières nutritives dans leurs molécules, comme nous le verrons bientôt. Sans lumière, il n'y aurait pas de couleur; de même que dans une cave les pommes de terre ne produisent que de petites tiges blanches, de même sans lumière les fleurs n'auraient pas de verdure, n'auraient ni parfum ni éclat. Dans les contrées méridionales, sous la lumière d'un soleil plus brillant que le nôtre, elles ont des couleurs plus riches et plus variées.

Ce sont donc les rayons du soleil dont la lumière et la

chaleur se font sentir sur tout ce qui a vie. Mais encore
faut-il que l'homme s'étudie à imiter le soleil, en s'exerçant
comme lui à réchauffer et à éclairer son prochain. Sans
doute, il n'est point donné à beaucoup d'éclairer et d'enflam-
mer les autres des rayons de leur esprit, et d'attirer sur
eux l'admiration, mais tous, nous sommes doués de la précieuse faculté de répandre la chaleur. Notre bienveillance.
nos bonnes intentions, notre amour du prochain manifesté
par nos actes, peuvent le réchauffer, l'impressionner et faire
naître les plus belles fleurs de l'amitié humaine. La lumière
au contraire ne fait maintes fois qu'égarer et éblouir,
quand elle n'est pas accompagnée des rayons qui portent
la chaleur. Que celle-ci soit notre préférée; que rien ne
nous détourne de la soigner et de l'entretenir, bien qu'elle
soit sans éclat; nous réchaufferons ainsi non seulement le
cœur des autres, mais notre propre cœur!

CHAPITRE II

Notre mère dans son ménage.

Il est midi et tout repose dans la plaine ; le soleil verse d'aplomb ses rayons sur la terre qui sommeille. Silence dans les cours, les étables, les campagnes ; le travail s'arrête un moment. La poule cache sa tête sous son aile, le bœuf est couché, rêvant dans l'étable. Dans la maison, la chambre est fraîche ; la ménagère en a soigneusement chassé les mouches ; les travailleurs, autour de la nappe blanche mangent la soupe à leur aise, car ils ont besoin de recouvrer leurs forces.

A l'aspect du rôti appétissant ou des galettes brunes et odorantes, leur visage s'éclaircit et ils oublient les fatigues ressenties sous les feux du matin.

Cependant, la mère va de ci de là, offrant à l'un un morceau, encourageant l'autre :

« Allons, mangez ; c'est là pour ça ! »

Bonnes paroles qui font du bien ; car on sent qu'elles viennent du cœur.

Quel trésor qu'une pareille mère dans une maison, et combien ne l'apprécient qu'après l'avoir perdu ! Notre bien-être, notre courage, notre ardeur au travail dépendent d'elle ; où trouver, si elle n'y songeait, la chemise blanche du dimanche, les effets propres, les souliers cirés ? Qu'un bouton de chemise manque et vous voilà furieux ! Que de petits besoins auxquels elle a satisfait avant que vous ne les ayez exprimés ! Oui, nous autres hommes, si vieux que nous soyons, il faut convenir que, nous avons toujours besoin d'être attachés à la robe de notre mère.

Son intelligence et son activité vous frappent. Elle fait quelque chose de rien. Comme elle utilise tout! comme elle garde avec soin le moindre reste, le moindre morceau jusqu'au jour de s'en resservir et d'en faire quelque chose de nouveau. Il faudrait à une autre, farine, graisse et œufs pour faire un plat insipide, moins propre à nourrir la maison qu'à être jeté dans le sceau des pourceaux.

Elle sait entretenir, conserver, ce qui a été acquis par votre travail et votre peine, et vous sentez que vos labeurs seraient perdus si l'inconduite ou l'indifférence s'en mêlaient.

Telle est aussi notre mère nourricière à tous : *la nature*. N'est-il pas admirable que depuis bien des milliers d'années elle nous ait toujours été généreuse et le soit encore, qu'elle n'ait jamais un instant refusé le pain à des millions d'hommes, qu'elle soit d'autant plus large qu'ils sont plus nombreux à l'habiter et à la cultiver?

Nous, qui n'avons que notre volonté et nos bras, qui tombent quand leur travail est infructueux, nous admirons plus encore ce sol tourné et retourné depuis des milliers d'ans par la charrue, qui jamais ne s'épuise ni ne se fatigue, qui jamais ne nous crie : « Assez! je n'ai plus rien à donner. »

Arrêtons-nous, lecteur, et songe à ce phénomène auquel tu n'as jamais réfléchi, enfant ingrat et oublieux que tu es de ta mère, la nature!

Dans toute la nature animée, comme dans tout ménage bien ordonné, c'est un principe qu'il faut moins dépenser que l'on n'encaisse; aussi la végétation serait-elle encore bien plus luxuriante sans les animaux et les hommes qui en consomment et en détruisent tous les ans une grande partie. Toute plante qui meurt rend au sol plus de substances nutritives qu'elle n'en a reçu. Voyez les forêts qui grandissent sur un sol maigre, sans travail de l'homme, cou-

ronnées d'arbres gigantesques, et où peu à peu les feuilles
et les graines qui tombent forment une couche de terre
végétale plus riche ; voyez l'ancien emplacement des forêts
vierges d'Amérique qui ont créé depuis des milliers d'années
un terrain si puissant que le colon en a pour un demi-siècle
à récolter sans engrais les plus luxuriantes moissons.

Mais nul, si habile fût-il, ne peut dépenser toujours sans
jamais recevoir : le sol lui aussi s'épuise lentement jusqu'à
un certain point, si l'homme ne lui rend point par l'engrais
ce qu'il lui dérobe. Mais la terre ne réclame qu'une infime
partie de ce qu'elle a donné, car la plus grande partie de
ses produits, grains, bétail ou lait, viennent encombrer la
ferme, tandis que le cultivateur et les animaux n'en
consomment que la moindre part, celle qui a demandé le
moins de sucs à la terre. Un emploi intelligent de l'engrais
accroit même encore le rapport et la fertilité du sol. Mais
puisque les plantes rendent à la terre plus de sucs qu'elles
n'en ont reçu, elles trouvent évidemment ailleurs encore
leur nourriture. Sinon, ce serait un étrange désordre, et
nous ne saurions lui rendre l'équivalent des plantes que
nous lui arrachons tous les ans.

Voici donc le second principe fondamental de l'économie
de cette bonne mère : *Elle ne laisse rien perdre*. Ce
que nous en vendons n'existe plus pour nous, mais existe
toujours pour le monde des plantes s'il ne se produit dans
le corps de ceux qui les consomment qu'une transformation.
L'évaporation, la respiration, les excrétions les rendent à
la nature ; le bois qu'on a brûlé n'est pas lui-même entièrement perdu pour elle, et cette règle est générale : celle la
plus économique, la plus inépuisable source de la nourriture
des plantes.

Des millions d'hommes vivent au plus grand profit du
paysan ; quand ils pensent lui avoir acheté quelque chose
à grand prix, ils le lui rendent sous forme d'engrais, et

le cultivateur s'enrichit aux dépens des autres classes. Qu'il soit donc modeste et n'ait pas la prétention de nourrir à lui seul le monde entier. Mais pour contribuer au bien général, qu'il ne laisse pas s'évaporer le meilleur de son engrais.

On pourrait donc comparer l'air à la grande caisse de laquelle les plantes tirent leurs ressources, pour les enfouir dans la terre : L'air ! On trouve étrange qu'il fasse naitre les plantes ou le froment. Mais ce qui l'est plus encore, c'est que notre corps lui-même se compose en grande partie d'air transformé ; le pain et la viande que nous mangeons sont formés principalement d'air, et, si invraisemblable que cela paraisse, nous allons le prouver irréfutablement.

Personne n'est sans avoir remarqué la différence qui existe entre le grand air sur les hauteurs et l'atmosphère étouffante des chambres closes, où sont renfermés plusieurs individus, et si étroites que l'on y peut à peine respirer. C'est que l'homme rend malsain et impur l'air frais qu'il vient d'absorber ; cet air devient mauvais comme celui des pressoirs où fermente le vin ou des pièces fermées où brûle le charbon ; l'air pur une fois absorbé, l'appartement se remplit peu à peu de vapeurs pestilentielles.

Eh bien ! l'atmosphère qui entoure notre terre n'a que quelques lieues de profondeur et est toujours formée du même air depuis la création du monde ; on pourrait donc s'étonner que depuis les milliers d'années que vivent des millions d'animaux et d'hommes, il ne se soit pas corrompu comme celui d'une salle d'école ou d'hôpital qu'on n'aérerait pas de l'année.

Mais c'est précisément cet air gâté qui fournit aux plantes leur meilleure nourriture qu'elles s'assimilent sans peine. « Fort bien, m'objectera-t-on ; mais l'air devrait avoir été peu à peu épuisé par tant d'hommes, d'animaux, de plantes. » Il en serait bien ainsi, si les plantes ne se nourrissaient

précisément de préférence des matières pernicieuses pou:
l'air, et ne rendaient ensuite un air purifié et assaini.

Vous conclurez de là que l'air se compose d'élément
divers, les uns sains, les autres malsains, les uns utiles
les autres dangereux pour la vie, bien qu'ils ne frappent n
nos sens ni notre vue. C'est fort juste, et un double élémen
se retrouve même dans l'air, le plus sain, le plus pur, ai
sommet des montagnes.

L'un de ces éléments est l'*oxygène*, qui se trouve nor
seulement dans l'air, mais dans l'eau et dans beaucou;
d'autres corps, et même dans la terre en quantité si con
sidérable qu'on prétend qu'il forme le tiers du globe. Li
vie humaine peut se prolonger dans l'air le plus mal
sain, pourvu qu'il n'en ait pas entièrement disparu
L'homme mourrait sans lui, faute de respiration. Il en es'
de même du feu et de la lumière qui, dans un appartemen
clos où l'air ne se change point, s'éteignent dès que l'oxygène est consumé.

Ce n'est pas qu'il brûle par lui-même; mais il s'allie s
vite, si instantanément aux corps inflammables qu'il se
développe non seulement de la chaleur, mais une flamme
ardente, selon que le corps s'y prête plus ou moins et qu'il
y a plus ou moins grande affluence d'oxygène. Ainsi, la
respiration, la fermentation des liquides, la décomposition
des corps, la rouille du fer, etc., ne sont que les effets
d'une combustion lentement produite par l'oxygène qui
partout se mêle aux corps dont la nature n'y répugne
point. Il a une capacité singulière à se joindre ainsi à
d'autres matières. Aussi, abonde-t-il dans l'eau, la terre, les
différentes espèces de pierre et dans tous les corps vivants.
Il n'a aucune saveur, il est vrai; mais par son contact il
donne à beaucoup de corps un goût aigre : au lait, à la
bière, au vin, etc. Si l'air n'était que de l'oxygène, il se
mêlerait si rapidement à tous les corps qu'il y aurait à

craindre à tout instant de voir la terre s'embraser, et que la vie humaine ne serait comparable qu'à une flamme passagère. Mais pour contrebalancer ses effets, nous avons *l'azote*.

L'azote forme les quatre cinquièmes de l'air. S'il était seul, tout y étoufferait ; mais la nature dans sa sagesse a mélangé l'oxygène et l'azote, et ces deux éléments peuvent développer librement leurs qualités bienfaisantes sans que les mauvaises soient capables de nuire.

L'azote manifeste aisément sa présence lorsque, sur une assiette pleine d'eau, on place un verre retourné contenant une lumière allumée. Elle brûle jusqu'à ce que l'oxygène soit consumé, et alors l'eau monte jusqu'au cinquième environ de la hauteur du verre, prenant la place que cet oxygène occupait précédemment. Malgré les effets pernicieux de l'azote sur la vie, c'est l'une des parties essentielles du corps des animaux et des plantes.

En respirant, nos poumons se remplissent d'un air frais ; les déperditions et les impuretés de notre sang se consument, c'est-à-dire se mêlent à l'oxygène de l'air ; car ainsi qu'une pompe, nos poumons attirent continuellement le sang de notre cœur pour s'y purifier. Il se répand ensuite dans toutes les parties du corps pour les animer. Cette combustion lente engendre la chaleur du corps et du sang.

La partie de notre sang qui se consume ainsi est du *carbone*, absolument comme celui qui brûle dans le bois, le suif, l'huile et qui forme une bonne partie du corps des plantes et des animaux. Le carbone n'est point perdu par la combustion, la respiration, la dissolution, etc., mais il s'allie à l'oxygène, et devient un gaz invisible qui prend le nom d'acide carbonique ; en se consumant ainsi et en s'alliant à l'oxygène, il forme sous la dénomination ci-dessus une matière tout à fait nouvelle sans odeur ni saveur. Cet acide est de la plus haute importance pour la nourriture des plantes et des animaux ; car il leur fournit l'élément carbonique dont ils ont si grand besoin.

L'*acide carbonique*, comme l'oxygène et l'azote, est un gaz incolore ; il a une odeur assez forte et un goût aigre. Il n'entretient pas la combustion des corps, pas plus que la vie des hommes et des animaux. C'est au contraire un poison violent dont les effets meurtriers se produisent souvent quand on entre sans précaution dans un pressoir où le vin fermente, ou qu'on s'endort dans une chambre dont le poêle a été fermé sans qu'on ait éteint le charbon.

Cet acide se développe en quantité prodigieuse partout où il se rencontre des êtres qui respirent, des corps qui brûlent, fermentent, se corrompent ou se décomposent. Il est donc vraiment étrange qu'il n'ait point encore empoisonné toute l'atmosphère, et que sur 10,000 parties d'air il s'en trouve tout au plus de 3 à 6 d'acide carbonique, d'autant plus qu'étant moins léger que l'air, il ne s'écarte guère du sol.

Mais il ne faut point oublier que par suite du mouvement continuel de l'air, l'excédent d'acide carbonique se disperse, tandis que les pluies et la rosée en nettoient l'atmosphère et le transmettent à la racine des plantes qui s'en nourrit ; c'est un phénomène curieux que cette absorption par les plantes d'un acide qu'elles s'assimilent par les pores de leurs feuilles et de leur tige, pour renvoyer ensuite l'oxygène sous l'influence de la lumière du soleil.

Mais la plante ne reçoit pas de l'air seulement l'acide carbonique, mais une autre substance importante, l'azote qui se dégage également de la dissolution du corps des plantes ou des animaux ; et, quoique en moindre quantité que l'acide carbonique, s'assimile aux plantes et s'introduit dans l'intérieur de leurs feuilles. Cela est démontré par toutes les plantes à feuillage abondant, le trèfle, les pois, les fèves, le colza, etc., qui renferment beaucoup plus d'azote que le sol ne leur en a donné. Si l'on calculait combien rapporte l'azote de nos engrais, cela porterait à réfléchir et à consacrer des soins assidus à la culture du colza et des autres plantes dont le feuillage est riche.

Il est permis de prétendre que l'azote constitue, pour les plantes, la plus précieuse nourriture; car elles n'en ont relativement que fort peu à leur disposition.

Cette dernière affirmation paraît contredire l'abondance de l'azote dans l'air que nous avons signalée tout à l'heure. Il est vrai; mais l'azote de l'air a des qualités toutes particulières. Il ne se dissout point dans l'eau; les plantes ne peuvent se l'assimiler; il ne se mêle point, quoique on fasse, aux autres corps. Sans cela, qui sait si depuis longtemps des malins n'auraient pas songé à transformer l'air en engrais? La nature ne veut point nous gâter ni mettre seule le pain sur notre table; c'est pour cela que l'azote soluble n'existe qu'en quantité relativement minime. A nous de l'utiliser pour le mieux dans nos cultures. Il s'en trouve par exemple quelque peu dans tous les corps de plantes et d'animaux; la grande source de l'azote pour nos champs sera toujours l'engrais qui ne se compose que de parties décomposées ou non de plantes et d'animaux, et contient absolument les mêmes substances qu'eux. Quand l'engrais est frais, l'azote est également brut et n'est point dissout; il faut que le corps se corrompe pour qu'il se transforme en un engin de fertilisation. Ce résultat s'obtient par l'action combinée de l'air, de l'eau et de la chaleur, qui produisent à la longue la fermentation, la combustion et la dissolution des principes de tous les corps.

Cette putréfaction répand dans l'air une partie de l'engrais, comme on peut l'observer tous les jours; car plus il reste longtemps en place et plus il diminue. L'azote contenu s'en dégage; mais à la différence de celui de l'air, au moment où il passe de l'état solide à l'état gazeux, il se mêle aisément à l'hydrogène de l'eau pour former avec lui un nouveau corps également gazeux d'une odeur fort accentuée, celle des écuries ou des cabinets d'aisance. Ce gaz s'appelle l'*ammoniaque*. L'eau, qui perd ainsi son hydrogène, se décompose ; l'oxygène s'en dégage et s'unit au carbone pour former l'acide carbonique, l'union de l'oxygène et de l'azote forme l'acide nitreux, quand les corps azotés se dissolvent dans la chaux ou l'alcali ; si le sol renferme des acides, ils s'allient à l'ammoniaque pour former avec lui des sels d'ammoniaque, qui ne se volatilisent point comme l'acide nitreux, mais se dissolvent aisément dans l'eau.

Or, les plantes ne peuvent utiliser d'un seul coup tout l'azote dégagé des engrais, ni tout l'acide carbonique qui s'en développe. Ce seraient là des trésors perdus sans le soin de la nature à préparer graduellement la décomposition ; la corruption du fumier forme une masse de poussière noire qui possède les propriétés d'une éponge, absorbe ces éléments fugitifs et les livre peu à peu aux plantes, car celles-ci possèdent à l'extrémité de leurs racines comme de petits réservoirs où se réunit un approvisionnement de sucs qu'elles consomment au fur et à mesure de leurs besoins.

Le rôle de l'eau dans l'économie de la nature est presque aussi considérable. A l'état pur, elle est composée de deux gaz : l'oxygène et l'hydrogène, si intimement unis qu'ils ne forment plus qu'un corps tout différent de ceux qui entrent dans sa composition.

L'hydrogène est un corps simple fort répandu dans la nature. Il pèse quatorze fois moins que l'air : c'est le plus léger des gaz ; il brûle avec peu de flamme et une grande chaleur. Il n'est pas respirable. L'eau se compose de deux parties d'oxygène contre une d'hydrogène.

L'eau pure n'existe pas ; elle est toujours mêlée de gaz

ainsi que des parties de terre ou de rochers à travers lesquelles elle coule; elle contient souvent de l'acide carbonique, ce qui lui donne un goût agréable et rafraichissant, auquel elle doit ses bonnes qualités comme boisson. Maintes fois aussi, elle renferme de la chaux, corps fort répandu dans la terre, qui se dissout dans l'eau à la faveur de l'acide carbonique. Elle est alors claire comme du cristal, excitante, agréable, excellente pour la santé, malgré la mauvaise opinion qu'en ont nos ménagères, car elle convient mal à la cuisson des fèves, des pois, des lentilles, parce que la chaux s'attache aux aliments ou aux parois des marmites. Elle finit par y former une croûte. Outre les inconvénients qu'elle produit dans la cuisson, elle convient peu pour le blanchissage; car le savon forme avec la chaux un précipité insoluble et il est ainsi perdu. Si l'on fait bouillir cette eau avant la cuisson, la chaux tombe au fond.

L'eau qui contient des parties dissoutes de plantes ou d'animaux fournit aux plantes une fort bonne nourriture; mais elle est très dangereuse pour les hommes et les animaux, et cause souvent de graves maladies.

L'utilité de l'eau dans l'économie naturelle est complexe et remarquable. Les deux éléments principaux qui la composent, l'oxygène et l'hydrogène, offrent aux plantes et aux animaux leurs principaux aliments; l'eau forme les soixante-dix centièmes du poids de leurs corps. Elle sert à faire dissoudre tous les aliments; et sans cette propriété qu'elle a complètement, aucun estomac ne pourrait rien digérer; il en est de même de la frêle et tendre racine des plantes, impuissante à absorber aucune substance qui n'aurait pas été ainsi dissoute au préalable par elle. Son action n'est pas moins essentielle dans la décomposition et la corruption du corps des animaux et des plantes. Enfin, elle purifie et rafraichit l'air, lui prend les substances nécessaires et l'humidité qu'elle apporte à la terre; et dans sa marche continuelle, qu'elle s'élève sous forme de vapeur ou descende sous forme de rosée, de pluie, de neige, de grêle, ou qu'elle apparaisse dans des sources limpides, elle constitue toujours l'un des éléments essentiels de la croissance et de la vie.

Mais outre ces substances gazeuses, combustibles, et qui peuvent se décomposer, la plante tire aussi de la terre des aliments qui en brûlant ne montent pas dans l'air, mais restent sous forme de cendres. A l'état naturel, dans lequel ils se trouvent dans le sol, la plante ne se les pourrait assimiler. C'est le grand travail de l'eau de les dissoudre ; celui de l'oxygène de l'air surtout et de l'acide carbonique de les transformer en corps solubles. C'est pour cela qu'il faut jachérer les champs par des labours profonds avant l'hiver.

Grâce à ce travail, la gelée, l'eau de l'air crevassent les mottes de terre et leur permettent de se dissoudre.

D'après ce que nous avons déjà vu, aucun des éléments gazeux n'est perdu pour les plantes ; et malgré leur éternelle transformation, il n'est pas à croire que sous ce rapport il y ait jamais insuffisance ni épuisement.

Il n'en est pas ainsi des éléments du sol ni des cendres qui s'y sont formées ; ceux-ci abondent dans les grains, le corps des animaux, le lait, etc., et y font la fortune de l'agriculteur ; l'engrais ne les rend donc pas entièrement à la terre ; et comme ils ne s'évaporent pas non plus par la décomposition de l'engrais, mais ne laissent que de la cendre qui ne revient pas d'elle-même à la culture, il s'en produit dans le sol une certaine diminution. Sans doute, les meilleures parties, les plus indispensables, car il s'en trouve aussi de grandes quantités dans les feuilles et les tiges, l'engrais les rend à la terre ; il n'en est point de même de l'alcali, si nécessaire au trèfle et à toutes les racines, ni de l'acide phosphorique indispensable aux grains.

Ces deux matières se trouvent en effet surtout dans les grains, les légumes, la viande et le lait. De plus, elles ne se rencontrent dans le sol à l'état soluble qu'en quantité moindre qu'il n'en faudrait à la végétation; on peut donc craindre ici l'épuisement du sol.

Si les plantes sont formées d'éléments contenus dans l'air et le sol, c'est à elles qu'il appartient de se les assimiler à l'aide de la chaleur et de la lumière. C'est déjà un phénomène assez remarquable que cette végétation si variée produite par quelques éléments du sol et de l'air. La grande partie du corps des plantes se composent de carbone, d'oxygène et d'hydrogène, mais elles ne contiennent pas d'azote. Les plantes les plus précieuses seules en possèdent une petite quantité. Mais les plantes nourrissent à leur tour les hommes et les animaux, dont le corps recèle des substances qui sont azotées, tandis que d'autres ne le sont pas.

L'homme ou l'animal ne peuvent pas, comme la plante, emprunter leur nourriture à des matières naturelles aussi simples. L'acide carbonique de l'air, l'ammoniaque des engrais ne suffisent pas à la formation de leur chair et de leur sang. Mais la pomme de terre contient une espèce de farine absolument semblable à la graisse qui se trouve dans le corps; le pain est formé d'éléments pareils au sang et à la chair de l'homme.

Il faut donc aux êtres doués d'une vie animale un intermédiaire qui leur permette de se nourrir des substances que fournit la nature. Telle est la grande utilité des plantes qui les absorbent pour les rendre sous une forme qui en fait une nourriture dont peuvent user les hommes et les animaux.

Spectacle étonnant que cette éternelle transformation de la matière! Tantôt formant les corps des êtres animés, formant les composés les plus intimes; tantôt se dissolvant, séparant tous ses éléments sans qu'un atome en soit perdu, ni cesse de rentrer continuellement dans ce grand cercle de la vie qui ne s'arrête pas.

Cette métamorphose perpétuelle, qui des quelques éléments composant l'air ou la terre fait les êtres les plus beaux et les plus parfaits, est l'ouvrage de la puissance divine dont le travail et les effets ne cessent pas un instant de se faire sentir dans la nature.

Le mode et les résultats de cette action tombent sous nos sens; nous ne pourrons jamais expliquer ni imiter ses ouvrages.

La Providence, en nous manifestant ses actes, sa prévoyance, son admirable sagesse, nous montre ainsi quel soin elle prend de nous, et avec quelle bonté elle a tout disposé pour que nous ne soyons jamais dans l'embarras, pourvu que nous nous aidions les uns les autres.

CHAPITRE III

La terre que nous cultivons.

Un homme qui avait beaucoup voyagé disait un jour à l'auteur de cet opuscule :

« Quel horizon limité que celui du paysan ! Il est rare qu'il se soit éloigné de plus de quelques lieues de la maison où fut son berceau, moi, j'ai traversé de vastes océans, j'ai franchi les plus hautes montagnes, et j'ajouterai que l'univers me semble aujourd'hui trop petit et trop étroit.

— Soit, monsieur, lui répondis-je ; mais ce que vous dites de l'horizon restreint du paysan n'est point juste, car je n'en connais pas un seul pour lequel son terrain soit trop petit et j'en connais beaucoup qui vous diront : Ma propriété est trop grande pour moi ; que n'ai-je les moyens de l'améliorer, de la rendre prospère et florissante comme je la rêve. »

Le voyageur se tut ; car il put songer que s'il avait visité le monde et l'avait trouvé trop petit, du moins n'y en avait-il pas un coin auquel son absence fit défaut, comme le ferait celle du paysan ; qu'il n'y avait pas un bout de champ menacé par l'ivraie par suite de son oisiveté ; pas un enfant, pas un animal qui fut exposé à ne pas être élevé, faute de son labeur et de ses soins.

Voyez-vous, la terre réserve ses faveurs à ceux qui partagent ses soucis. Elle demande des soins pour donner à tous la nourriture, le vêtement ; à chaque être ce dont il a besoin. Celui qui sait la comprendre et accepter sa part du travail et des efforts de la nature est son préféré. La moindre motte qu'il cultive lui accordera plus de joie et

de bonheur qu'aux riches et aux grands le monde entier
s'il ne peut que servir à leurs promenades, car ils y seront
toujours des étrangers.

Tout travaille sur la terre. Un arbre, une montagne
isolés semblent indifférents au reste du monde. Et pourtant il y a là des forces continuellement en mouvement,
qui les transforment, qui les font servir au bien-être universel de la nature. Vous êtes surpris de ce travail et de
ce phénomène ; vous vous demandez comment une montagne
se transforme et change. Il y a un mot à dire là dessus.

A la vue des hautes montagnes qui dressent leurs rochers
jusqu'aux nues, des cols qui paraissent les anciens lits d'impétueux torrents, il nous semble que tout cela doit avoir
eu jadis un niveau égal. Et c'est la vérité. L'eau et le feu
se sont livré de rudes batailles qui ont produit les accidents
du terrain autrefois égal partout ; il a fallu longtemps
pour que ces deux éléments opposés n'eussent plus à se
combattre et que la paix régnât sur la terre.

Cette affirmation paraît hardie, car nul n'a vu ces com-
bats.

Mais les géologues ont prouvé que tous les rochers ne
remontent point à une date uniforme, que les uns ont été
fondus par le feu, que les autres se sont dissous dans l'eau,
et s'y sont établis comme le sable et la poussière qu'on y
agite finissent par s'y déposer en couches régulières : les
parties les plus lourdes dessous, les plus légères dessus. Ils
en concluent que le feu et l'eau ont coopéré à la formation
et à la structure actuelle de la couche terrestre.

L'école nous a appris que la terre est ronde et plane dans
l'immensité, comme une bulle de savon. C'est une boule qui
doit avoir à une autre époque formé une masse ardente et
liquide ; toute l'eau, toutes les parties solides qui s'évaporent sous les efforts de la chaleur, entouraient le noyau
incandescent comme un cercle épais de vapeurs et de nuages.

Peu à peu, le globe se sera refroidi en partie, à force d'envoyer de la chaleur sans en recevoir. Les corps les moins fusibles se sont solidifiés les premiers, formant autour du centre brûlant une croûte compacte qui s'est épaissie en proportion de son refroidissement. Sa vapeur s'est condensée, comme la vapeur d'eau vient se liquéfier contre les vitres d'un appartement chauffé.

En s'abattant ainsi, l'eau commença à dissoudre la croûte qui s'était déjà solidifiée autour de la terre et à la décomposer, avec l'aide de l'acide carbonique et de l'oxygène dont nous avons déjà indiqué les propriétés.

Si la terre avait continué à se former ainsi, tranquillement, également, on distinguerait fort peu de différence entre les vallées et les montagnes; mais en durcissant peu à peu, la croûte terrestre ne se reforma point partout d'une façon uniforme; il s'y forma des fentes et des crevasses, comme on peut en remarquer dans l'argile séchée au soleil d'été; l'eau s'infiltra par là dans le foyer central incandescent, et impuissante à éteindre une pareille fournaise, s'y changea en vapeur. Sous cette forme, elle se dilata avec une force inouïe, écarta la terre dans diverses directions, la fit sauter comme la chaudière d'une machine à vapeur trop faible pour retenir une pareille force d'expansion. L'abîme ainsi ouvert servit de passage au feu liquide qui se mit à sourdre de l'intérieur; il s'étendit sur la surface ou s'amoncela autour des ouvertures. Mais ces masses, généralement molles, demeurèrent perméables à l'eau qui, après les avoir dissoutes, les emporta, ou les déposa couche par couche.

L'histoire de notre globe, comme nous la montre la situation de ces divers éléments, fourmille de pareils cataclysmes qui détruisirent un monde animal et végétal qui avait duré des milliers d'années et l'enfouirent ainsi sous de nouvelles couches superposées.

Comment les savants ont-ils découvert des faits si singuliers, l'existence de la terre sous forme d'un globe de feu liquide, les transformations qu'elle a subies?

Or, l'intérieur du globe terrestre a encore gardé cette même forme ; on s'en aperçoit à la chaleur de l'intérieur du sol qui, à partir de quelques pieds de profondeur, est la même sur tous les points du monde, et s'accroit également en proportion de la profondeur. Ce qui le prouve encore, ce sont les volcans, vastes cheminées qui montent du brasier centrale à la surface du sol. Que l'eau trouve un moyen quelconque de pénétrer jusqu'à ce brasier, elle s'y transformera en vapeurs qui ébranleront vigoureusement l'enveloppe terrestre et dont la force gigantesque la ferait éclater sans ces cheminées de sûreté qui lui livrent une sortie, et qui sont ainsi d'une importance essentielle pour notre repos.

Les formes variées des montagnes correspondent à la diversité de leur origine. Des causes différentes ont élevé des montagnes massives; les collines et les montagnes mamelonnées, les hauteurs raides et à pic, les vastes plaines et ses abaissements qui ressemblent à des lacs desséchés, etc.

En outre, les couches minérales sont différentes et parfois riches en dépôts d'argile, de sable, de chaux, de plâtre, de sel.

En vain, parmi les rocs dont la fusion remonte à la plus lointaine antiquité, chercherait-on la trace d'êtres vivants. L'écorce terrestre encore brûlante s'opposait à la vie; ce n'est que parmi les couches rocheuses déposées par l'eau qu'il se rencontre des vestiges de créatures animées. Les endroits que l'eau avait abandonnés se garnirent à la longue de prêles, de fougères, de coraux, qui formèrent, comme nos marais à tourbe d'aujourd'hui, des dépôts de plantes décomposées auxquels nous devons encore une richesse : la houille.

Mais plus il s'écoulait d'intervalle entre ces transformations de l'écorce terrestre, plus le nombre et les espèces de plantes et d'animaux se multipliaient. A côté des prêles et des fougères, grandirent les palmiers et les sapins ; les poissons apparurent de bonne heure, et bientôt de gigantesques lézards, des serpents, des grenouilles, etc. Les crustacés se développèrent en quantités prodigieuses. Plus tard, vinrent les mammifères et des oiseaux d'une taille gigantesque dont l'espèce a complètement disparu.

L'homme n'apparut enfin qu'une fois l'écorce de la terre devenue plus solide, lorsqu'il n'y eut plus à craindre un bouleversement général.

Ainsi, nous marchons sur les décombres de plusieurs milliers d'années, sur les tombes de millions d'êtres qui ont avant nous vécu tranquillement sur la terre. Étrange contraste! l'eau et le feu, ces deux forces de la nature qui jadis ont bouleversé le globe, aujourd'hui sont nos collaborateurs paisibles et dévoués, et coopérèrent avec nous à son défrichement et à sa culture. Ils ont continué sur sa surface leur œuvre de transformation et changent la pierre et le rocher en une terre végétale et fertile.

Deux gouttes d'eau infiltrées dans une fente de rocher, un instant de froid; et les voilà qui gèlent, se dilatent, fendent et broient la pierre. La pluie et la rosée minent lentement cette matière résistante; distribuent l'humus, et partout où l'air peut pénétrer il détruit lentement et presque insensiblement la masse pierreuse. Nous avons déjà parlé de l'oxygène, ce destructeur universel; il ronge jusqu'aux rochers les plus durs, quand il trouve matière à qui s'allier. Un atome de fer dans une pierre lui suffit pour qu'il vienne le rouiller en s'aidant de la chaleur et de l'humidité. Presque toutes les pierres étant traversées de tous côtés par de petites parties de fer, la cohésion disparaît peu à peu, et elles s'émiettent.

Ailleurs, c'est une maigre touffe de mousse qui s'est fixée sur un rocher où elle traîne péniblement sa chétive existence; mais pareille à une éponge, elle absorbe l'humidité et l'acide carbonique de l'air qui viennent détruire le roc. Quand elle périt et se décompose, elle forme une terre noire et humide qui reçoit avidement la chaleur et l'humidité, et développe abondamment l'acide carbonique. Ces trois éléments s'attaquent à leur tour à la pierre et préparent le sol pour de nouvelles plantes.

Bientôt le rocher devient le siège d'une bruyère, puis d'un buisson, enfin d'un arbre. Ils envoient leurs racines dans un sol maigre et quand elles trouvent une fente pour leur passage, la pierre s'amollit et se dissout sous leur action.

Les fortes averses entraînent l'humus récemment formé, et le conduisent par petits ruisseaux limoneux dans les vallées, alluvions qui ont créé notre sol si fertile. Ce phénomène est encore quotidien. Notre humus n'est formé que d'anciens rochers et n'a que peu d'épaisseur; et ce sont d'impétueux torrents qui ont déposé nos terres d'alluvion. Le temps n'a pas arrêté l'action de la chaleur, du froid, de l'eau, de l'oxygène de l'air, des plantes vivantes, des débris végétaux et animaux, qui, pareils à des dents invisibles ont, pendant des milliers d'années, rongé les montagnes et les ont changées en terres cultivables. Cette action se continue sans bruit, à peine sensible à l'attention des observateurs. C'est une collaboration fidèle et assidue au travail du paysan qui cultive et fertilise son champ. A peine cependant s'il songe jamais à ces amis silencieux et modestes qui n'attendent pas la moindre récompense de leur labeur, pas même un mot de remerciement.

Mais entrons un peu dans les idées du cultivateur; ne demandons plus : « D'où vient notre sol? » mais : « Quelles en sont les parties utiles ou nuisibles? Quelles sont ses propriétés? De quoi a-t-il besoin pour prospérer? »

Nous devons notre premier coup d'œil à ses éléments constitutifs, à ceux qui en forment la masse principale et qui sont les plus nécessaires à l'alimentation des plantes. Nous allons en parler brièvement.

L'argile et la terre silicée forment le fonds de nos terres de culture. L'argile est le produit de l'union de l'oxygène avec un métal, appelé aluminium ; la terre silicée de celle de l'oxygène avec le caillou. Ces deux espèces de terres réunies forment l'argile silicée, qui fait la grande base de notre sol argileux. C'est une terre visqueuse, malléable, que l'on peut pétrir et qui ne se dissout point dans l'eau.

L'acide silicique est la principale base du quartz qui est fort dur, et que l'on appelle aussi caillou blanc. Ils forment l'élément essentiel du grès. Le grès se compose de grains de sable plus ou moins fins, reliés avec de l'argile ou de la chaux.

La chaux a également pour base un métal, le calcium, qui ne se rencontre jamais pur dans la nature, mais est toujours combiné avec l'oxygène.

Dans la pierre calcaire de nos montagnes, la chaux pure se combine en outre avec l'acide carbonique ; cette pierre se dissout dans une eau riche en acide carbonique, ce qui n'arriverait pas dans l'eau pure. Sous l'action du feu, l'acide carbonique se dégage et la chaux se corrode.

La chaux brûlée reprend lentement à l'air son eau et son acide carbonique et tombe en poussière blanche ; quand on l'arrose d'eau, elle se combine avec elle grâce à un développement de chaleur extraordinaire ; on la mêle avec du sable pour en faire un mortier à bâtiments qui durcit à l'air.

Le plâtre est une combinaison de la chaux avec l'acide sulfurique ; ce double élément le rend précieux pour l'alimentation des plantes. Il ne se dissout également que dans des quantités d'eau considérables.

Le soufre et le phosphore sont deux combustibles dont le premier se rencontre dans la nature soit isolé, soit combiné avec des métaux, tandis que le second est toujours combiné avec d'autres corps.

Le soufre combiné avec l'oxygène donne l'acide sulfurique, qui est très mordant, et qui, ayant avec l'eau de grands rapports, enlève aux corps, avec lesquels il se trouve en contact, leur oxygène et leur hydrogène et par suite les carbonise.

Le phosphore combiné avec l'oxygène engendre l'acide phosphorique, qui se rencontre dans la nature, principalement dans une espèce de chaux que fournissent en abondance certaines pierres ou pétrifications ainsi que les os des animaux. Cet acide phosphorique joue dans l'alimentation des plantes un rôle fort important.

L'alcali et le natron sont aussi deux métaux combinés avec l'oxygène, et très répandus dans la nature. Celui-là est l'élément principal de la potasse et du salpêtre, et celui-ci domine dans le sel de cuisine, la soude et le sulfate de soude.

L'alcali combiné avec l'acide carbonique forme la potasse dont le goût se rapproche de celui de la lessive. Avec l'acide nitrique il engendre le salpêtre, qui se forme, particulièrement, chaque fois que des corps oxygénés se décomposent en présence de la chaux ou de la cendre, par exemple dans les écuries, les fosses d'aisances, dans la terre végétale quand l'engrais s'y dissout, etc. Le sel de cuisine, d'un usage si universel, est composé de natron et de chlore, et la soude, de natron combiné avec l'acide carbonique et l'eau.

La magnésie est le produit de la combinaison du métal appelé magnésium avec l'oxygène. Dans la nature, ce métal se présente surtout combiné avec l'acide carbonique ou sulfurique. Quant ce dernier s'y rencontre, la magnésie est utilisée comme engrais.

Le fer abonde aussi dans les terres de culture sous diverses espèces qui donnent souvent au sol des teintes variées, mais il existe fort rarement à l'état pur. Par contre, dans le minerai rouge, il est combiné avec l'oxygène ; et dans la rouille avec l'hydrogène et l'eau. Le vitriol vert est aussi une combinaison du fer avec l'oxygène, l'acide sulfurique et l'eau.

CHAPITRE IV

La culture du sol se règle d'après ses propriétés naturelles.

Lorsque l'homme confie son destin à une faible planche
de navire, il lui adresse tout d'abord cette question :
Pourras-tu me porter et es-tu en état de résister aux va-
gues bouillonnantes et aux tempêtes? Combien plus encore
l'agriculteur qui doit faire reposer l'espoir de son existence
sur une motte de terre, ne doit-il pas se demander si elle
sera en état de le nourrir lui et sa famille, et s'il peut baser
sur elle le bonheur et l'avenir de tous les siens. Souvent
il se contente de se plaindre du sol, lorsqu'il ne lui donne
pas la prospérité, tandis que la cause est tout autre : une
famille très nombreuse, un luxe trop grand, et surtout une
économie mal comprise.

Pour la prospérité de la plante, les propriétés naturelles
du sol sont aussi importantes que ses principes composant
nutritifs, et nous devons, par conséquent, chercher à connaître à fond ses rapports avec l'humidité et la chaleur.
Il est de la plus grande importance pour la croissance des
différentes espèces de plantes, que le sol s'échauffe lentement ou vite, qu'il conserve longtemps ou non la chaleur,
qu'il prenne facilement l'humidité, la quitte lentement ou
qu'il la laisse facilement évaporer, ou encore, qu'il la conserve à l'état d'eau stagnante. Il est nécessaire de savoir
si le champ est déjà par lui-même riche en principes composants nutritifs, s'il livre à la plante le fumier qu'on lui
confie lentement et en rapport avec ses besoins, ou bien si,
pauvre dès le principe, il transforme et consomme rapidement le fumier. Le sol ne doit ses propriétés, bonnes ou
mauvaises, qu'à quelques principes composants qui forment

sa masse principale, tels que : l'argile, le sable, la chaux et l'humus ; cette dernière matière consiste en parties constitutives animales et végétales décomposées. L'argile et le sable, que chaque paysan connaît bien, sont dans leurs propriétés, aussi opposés l'un à l'autre, que le jour et la nuit, et nous admirons, là encore, la sagesse de la nature qui change les propriétés invisibles d'une de ces matières, prise séparément, en qualités utiles lorsqu'elles sont mélangées l'une avec l'autre. L'argile s'échauffe lentement et se refroidit de même ; tandis que le sable, rapidement chauffé, devient aussi très vite froid. Lorsque l'argile sèche, elle se retire, devient dure, se fendille et se fêle ; le sable, par contre, ne change pas de volume. L'argile a la propriété d'attirer et de prendre à l'air des parties constitutives nourrissantes, propriété que ne possède pas le sable. L'argile retient longtemps le fumier, ne le laisse pourrir que lentement, aucune pluie ne peut le faire disparaître, tandis que dans un terrain sablonneux, il ne pourrit que trop vite, s'évapore ou bien est noyé dans le sous-sol par de fortes pluies, avant que la plante ait été en état d'en absorber les propriétés fertilisantes. Ils se conduisent de même avec l'eau. L'argile ne s'en rassasie que lentement, reste froide, mouillée et inactive, ne quitte que difficilement son humidité, et est brisée par les ondées. Le sable est comme un tamis ; il rend beaucoup trop vite son eau au sous-sol et à l'air. Les atomes de l'argile sont solidement attachés en une masse tenace, compacte, mais trop lente dans ses fonctions, tandis que les petits grains de sable, déliés, vifs, secs, se détachant, développant une activité rapide sans compacité, sont très vite épuisés. Le sable très fin appelé sablon, se rapproche de l'argile par ses propriétés.

Mais, quel est le paysan qui ne connaît pas les propriétés de ces deux sortes de terrains ? Ne sont-ils pas comme deux hommes opposés dans leur manière de penser ; l'un est lent, avare et circonspect dans ses acquisitions et veut tout pour lui, tandis que l'autre est aussi prompt à acquérir qu'à dissiper sans compter.

Si l'argile et le sable sont mélangés en proportion convenable, leurs propriétés défavorables deviennent aussitôt des qualités utiles, à peu près comme si l'avare se réunissait au dissipateur, celui-ci poussant l'avare trop circonspect à un emploi plus rapide de sa fortune, au lieu de la tenir trop serrée dans sa poche, celui-là criant au dissipateur : épargne, va doucement, compte avant de dépenser.

Selon que dans un terrain l'argile ou le sable domine, il possède davantage les propriétés de l'une ou l'autre de ces parties, et il est appelé selon le cas : argile fort, argile faible, argile sablonneux, ou sable argileux. On admet que le sol argileux contient au moins 40 pour 100 d'argile, cependant, cela dépend beaucoup si le sable est à petits ou à gros grains, si l'argile et le sable s'attachent plus ou moins l'un à l'autre, et ainsi, un terrain peut, avec 60 pour 100 d'argile et 40 pour 100 de sable, être terrain glaise, et avec la même composition devenir terrain argileux si le sable est à gros grains. Plus un terrain possède les qualités d'un argile calcaire, riche en humus, plus les plantes y prospèrent. Par contre, la terre glaise forte est aussi peu propice à un choix de plantes devant y croître, que le terrain de sable pur, et tandis que celui-là ne pourra porter que de l'herbe, du froment de qualité médiocre, et parmi les arbres, le hêtre seul ; celui-là ne produira que du seigle, des pommes de terre, du sarrasin, du lupin, du trèfle blanc et des pins sauvages ; le trèfle rouge, la luzerne et l'esparcette y prospéreront moins que toute autre plante.

L'argile calcaire est pour nos besoins le terrain le mieux composé ; les céréales aussi bien que les pâturages y donnent les meilleurs résultats.

La troisième partie constitutive du sol : la chaux, tient par ses propriétés, le milieu entre la terre glaise et le sable. Elle prend beaucoup d'humidité et la retient long-temps comme l'argile, mais elle ne devient pas à demi-sèche comme celle-ci et donne son humidité aux autres parties du sol, selon les besoins. Elle est plus compacte que le sable, mais pas autant que l'argile ; c'est pourquoi on ameublit et échauffe celle-ci, en la mélangeant au sable. Elle prend de la chaleur comme le sable, mais la retient plus longtemps, et la rend plus lentement que lui.

Malgré ces bonnes qualités, le terrain purement calcaire est maigre et brûlant, il s'échauffe trop, se sèche trop vite, et transforme le fumier trop rapidement. Par contre, les terrains marneux ont des propriétés excellentes, car la chaux qu'ils contiennent ameublit l'argile et cause la cassure des mottes, tout en rendant le sable plus lié et plus humide.

L'humus consiste en détritus d'animaux et de plantes, et la richesse d'un terrain en cette matière est de grande importance pour sa qualité. Ces restes forment une poudre noire qui prend l'humidité et la chaleur comme une éponge, et les rend lentement et avec économie. Il réchauffe la lourde argile et lui enlève son eau stagnante, mouille le sable trop brûlant et, par sa décomposition insensible, amène aux racines des plantes lentement et incessamment des matières nutritives, juste autant qu'il leur convient, ainsi que le ferait une mère pour son enfant à la mamelle.

Cet humus est une caisse d'épargne que le paysan place dans le sol, et qui lui paye toujours de beaux intérêts.

Mais l'humus n'est pas convenable, lorsqu'il forme à lui tout seul le terrain d'un champ, parce qu'il sèche trop vite, laisse passer trop facilement l'humidité, s'échauffe trop, n'offre aucune tenue aux plantes à cause de sa légè-reté et de sa mobilité, et les expose au danger de la gelée.

Il ne constitue du reste qu'un pauvre terrain, car il lui
manque les cendres des parties constitutives terreuses. Les
terrains marécageux sont un exemple de terrains composés purement d'humus, et il est encore moins bon quand
il est mouillé, parce qu'alors il est acide.

Si tu t'informes de ce que les différentes sortes de terrain peuvent donner aux plantes en nourriture, la réponse
sera très complexe. La terre glaise est surtout riche en
principes composants terreux : phosphate, potasse, natron,
terre muriatique, etc., mais le sable est comme un pauvre
gentilhomme à la bourse plate, car en dehors du silice, il
ne peut rien donner, bien qu'il y ait des terrains sablonneux qui contiennent des matières décomposables : mais on
peut ranger ces derniers au rang des raretés; la chaux
est un moyen puissant de nourriture pour les plantes et,
là où elle manque au sol, il faut l'ajouter. Le terrain calcaire est également pauvre des autres parties constitutives
nutritives terreuses.

Aussi différentes sont les sortes de terrain dans leurs
propriétés, aussi différent doit être naturellement leur
traitement pour les amener à l'état le plus favorable à la
culture de nos plantes. D'ailleurs, les plantes nous disent
elles-mêmes très clairement par leur prospérité, si nous
comprenons le traitement du terrain.

Si elles pouvaient parler, elles demanderaient toutes un
champ bien ameubli, délivré des mauvaises herbes, sans
eau stagnante ni acide, assez chaud, sans cependant se
dessécher et riche en nourriture dissoute, et avec cela elles
nous promettent de faire leur possible pour nous remer-
cier et nous compenser richement de nos peines.

Nous disons : *terrain ameubli, humide et chaud, pas
trop mouillé ni trop sec.* Il faut donc ameublir le terrain
lourd, afin qu'il aspire de l'air et de la chaleur, et que l'humidité puisse pénétrer dans toutes ses parties, afin que le

fumier y pourrisse sans s'aigrir ni se carboniser. Penses à tout cela lorsque tu laboures ton champ lourd d'argile, lorsque les sillons se forment devant la charrue en tranches compactes et lourdes comme si c'était pour faire des tuiles.

Ne ferais-tu pas mieux alors, de dételer ta charrue, de rentrer chez toi et d'épargner ton travail jusqu'à un temps meilleur où le champ aura suffisamment séché pour que tu puisses le travailler sans désavantage? N'attends pas cependant, jusqu'à ce qu'il soit tellement durci que tu sois obligé de casser les mottes comme les pierres sur les routes, avec mille jurons et qu'il se forme des fossés et des rainures d'un pied de profondeur, comme les accusateurs de ta négligence!

Le travail du terrain argileux a son époque. S'il montre des fentes et des fêlures lorsque tu le presses dans ta main, c'est un signe que la charrue le laissera bien meuble, que l'époque favorable est arrivée et que tu ne dois pas attendre plus longtemps pour le travailler. L'homme appliqué et attentif trouvera toujours le bon moment, l'homme négligent n'aura que la punition de sa paresse.

Aucun terrain ne te dira plus que l'argile les avantages d'une bonne charrue dont le tranchant recourbé soulève, retourne et brise le sillon, sans trop fatiguer le bétail. Si une charrue peut se recommander d'elle-même quelque part, c'est bien là. Où la vieille charrue de bois ne peut plus aller, elle s'avance gaiement à travers le terrain solide, retourne les sillons encore humides et tendres, qui se laissent ensuite parfaitement ensemencer. Penses avant tout à approfondir ton terrain argileux, et à briser de temps en temps la couche solide qui se forme après un fréquent labour superficiel; en agissant ainsi, tu rends ton champ une autre fois plus grand, car tu donnes aux racines des plantes l'occasion de pénétrer profondément, de s'étendre et de chercher leur nourriture.

Dans ce but, la charrue profonde que l'on fait passer de temps en temps derrière la charrue ordinaire, à quelques pouces de profondeur de plus, rend de très grands services. Elle est surtout employée avec succès, avant la semence de plantes aux racines profondes telles que : fruits à piocher (pommes de terre, betteraves, etc.), trèfle, colza et autres semblables.

N'oublies pas non plus d'avoir recours aux nombreux amis qui te viennent en aide gratis, pour la préparation de ton terrain : l'air et l'eau, le froid et la chaleur, le fumier, la chaux et les plantes elles-mêmes. Si tu laboures ton argile profondément à l'automne et que tu ne craignes pas la terre rouge qui vient à la surface et y reste lourdement en tombant et en mottes, alors, pendant l'hiver, l'oxygène de l'air se mélange aux atomes de la terre et les rend inoffensifs. La couleur rouge disparait, l'eau pénètre dans les pores de l'argile, l'étend et la fait fendre lorsqu'il gèle, de telle sorte que les mottes deviennent cassantes et se rompent convenablement sous la herse, au printemps. Les principes composants nutritifs terreux de l'argile, sont rendus solubles pendant l'hiver, par la gelée et l'eau et par l'oxygène, et deviennent ainsi utiles à la plante au printemps. Il ne faut naturellement pas oublier qu'avec l'approfondissement du sol doit aller une fumure plus forte, et que, par conséquent, ce creusement ne devra être fait qu'en proportion de l'augmentation du fumier.

Le fumier pourri exerce une action non moins favorable sur le terrain lourd comme aussi les restes et racines pourries des plantes, lorsqu'ils ne sont pas trop enfouis, ni séparés de l'air. Chaque brin de paille pourri forme un petit tuyau dans le sol, par lequel l'air et l'eau sont mis en rapport avec les atomes de la terre.

L'ordre de succession dans la culture des diverses plantes est encore de la plus grande importance pour la prépara-

tion de chaque sorte de terrain. Les plantes à feuilles :
vesces, pois, colza, trèfle, chanvre, lin, etc., ainsi que les
fruits à piocher, mettent le terrain dans un état meuble
et fort, très favorable aux plantes à tuyau qui suivront,
au moyen de l'ombre qu'elles donnent au sol et du travail
qui se fait entre les rangées. Si donc une succession intelligente a lieu entre les plantes à tuyau et les plantes à
feuilles, non seulement elles trouveront l'état de terrain le
plus favorable et le mieux préparé, mais on pourra aussi
éviter beaucoup de travail précieux, et la jachère coûteuse
pourra très souvent être épargnée.

Nous parlerons une autre fois avec détails, du premier
et excellent moyen d'amélioration pour les terrains lourds
et mouillés : le drainage. Non seulement le drainage
enlève l'eau au sol, mais il y amène aussi de l'air et exerce
sur le sol une action aussi favorable que le serait celle de
remplacer le poumon malade d'un pauvre phtisique par un
nouveau poumon sain, si cela était possible, car il senti-
rait bientôt qu'avec le poumon nouveau serait venue aussi
une nouvelle vie dans son corps malade.

On lit fréquemment qu'il faut mélanger la terre glaise
avec le sable, pour compenser leurs propriétés nuisibles,
mais cela est plus tôt dit que fait. Il serait préférable d'employer une marne sablonneuse, lorsque la main-d'œuvre
ne doit pas coûter trop cher. Mais le moyen le plus simple,
le meilleur marché et le plus sûr, qui est à la portée de
tous, est la chaux brûlée. On l'humecte avec de l'eau,
jusqu'à ce qu'elle tombe en une fine poussière; alors on la
répand. Son action sur les terrains lourds et lents est
excellente, elle pousse la terre glaise à un travail toujours
nouveau, partout elle cherche des liquides stagnants dans
le sol et leur enlève leurs propriétés nuisibles, en en formant des sels facilement solubles et décomposables; partout, une fertilisation est la conséquence de son travail, et

si quelque part la décomposition se fait trop lentement dans
le sol, il la pousse, comme ferait un paysan à son valet
paresseux : toujours en avant !

Ce que demande la plante au terrain argileux, elle le
demande aussi au terrain sablonneux, et c'est à nous de
rendre plus sage et plus économe ce camarade léger qui
dissipe tout ce qu'il reçoit, et de transformer ses mauvaises
qualités en bonnes. Trop de labour est nuisible au terrain
sablonneux, parce qu'il devient facilement trop meuble et
n'offre plus le soutien nécessaire à la racine. L'humidité,
la chaleur et l'air pénètrent trop facilement chez lui et y
séjournent jusqu'à ce que le dernier reste de la poudre
d'humus ait été détruit.

Il s'agit donc plutôt de la lier et de hâter la croissance
de la plante, assez pour qu'elle l'ombrage et le couvre
bientôt, afin d'éviter ainsi une évaporation trop rapide de
son humidité et une décomposition par trop prompte de ses
principes composants. Ici encore, il faut avoir recours à
une succession bien comprise de plantes à feuilles et de
plantes à tuyau, car les premières maintiendront le sol
humide, le ménageront et le laisseront dans un état parfait de vigueur pour les plantes à tuyau qui suivront. Pour
la culture des plantes que l'on pioche, l'on peut éviter
beaucoup de piochage si elles sont assez vigoureuses pour
ombrager bientôt le sol, car alors, les mauvaises herbes
manquent de lumière pour se développer, le sol reste propre
et les principes constituants décomposables, se transforment
peu à peu dans un sol humide à l'abri de la sécheresse et
qui se trouve alors dans un état de fermentation très favorable à la plante.

Mais la première condition pour maîtriser avec succès
un terrain aussi léger, c'est de le lier et rendre plus solide
au moyen d'une culture de trèfle ou d'herbe qui le main-
tiendra en même temps humide et propre, et qui, après le

défrichement, laissera derrière elle une couche de terre
végétale fertile, à décomposition lente.

Par le moyen de l'ombrage et d'une forte solidification
des plantes, il est beaucoup plus facile de venir à bout des
racines, des mauvaises herbes et surtout de ce terrible chiendent, le fléau des terres sablonneuses, qu'avec la charrue
et la herse.

Souvent, nous voyons un paysan jachérer un champ
sablonneux pendant l'été, à seule fin de détruire le chiendent, et, plus il le laboure, plus le chiendent pousse ses
racines dans la terre meuble, jusqu'à ce qu'il ait recouvert
le champ d'une véritable couverture de feutre. Le paysan
retourne son champ avec peine, cent fois sa charrue est
arrêtée, cent fois les racines entrelacées la repoussent, et,
si le paysan arrache dix fois chacune d'elles, dix fois une
racine nouvelle se reproduit, et s'il réunit tout ce chiendent en un amas et y met le feu, alors, il ne fait que jeter
au vent la vigueur de son sol, que cette herbe a emportée
avec elle, et lorsque enfin il croit en avoir fini, il verra, le
printemps suivant, cette herbe pulluler de plus belle, au
milieu de mauvais seigle ou de vesces.

Ne semble-t-il pas, lorsque nous voyons ce pauvre paysan
à son travail, que nous puissions lire sur son front, la malédiction du ciel : « Tu seras condamné à manger ton pain
à la sueur de ton front. » Malédiction qui pèse sur l'irré-
flexion qui n'élève pas l'homme au-dessus de la bête, qui
le pousse à vouloir dompter la nature par la force, alors
qu'elle-même lui donne des indications pour s'arranger
avec beaucoup moins de peine à la rendre favorable à
notre but. Si ce paysan avait bien voulu fumer son champ
au printemps, y cultiver des vesces vertes, des pommes de
terre ou autres plantes semblables, non seulement il aurait
eu une récolte qui lui était due, mais encore, à l'automne,
il ne serait resté aucune trace de chiendent, tout aurait

pourri dans le sol par le manque d'air et de lumière, e
aurait servi de nourriture à d'autres plantes.

Remarquons bien que la nature agit d'après des lois éta
blies de toute éternité ; il n'est pas en notre puissance d
transgresser ces lois ni de forcer la nature. Mais c'est pou
cela que Dieu nous a donné la raison, afin que nous appre
nions à connaître ces lois et à utiliser les forces de la na
ture à notre profit. La nature est comme un cheval ;
l'homme inexpérimenté il se montre rétif, et celui-ci peut
avec toute sa force, à peine le maîtriser ; mais le bon cava
lier le conduit d'une main légère et lui fait faire de bo
gré les plus durs travaux.

Nous avons encore à parler ici d'un préjugé que nou
rencontrons souvent chez les paysans. Il y a chez eux un
opinion assez répandue que le sol doit se reposer de temp
en temps, afin d'être ensuite plus capable pour un nouvea
travail. Mais le sol n'est pas un animal ni un homme qu
usent leur force et ont besoin de temps pour se reposer
en vue d'un nouveau travail. Le sol ne travaille pas, i
est mort, mais en lui et sur lui les forces de la nature agis
sent, décomposent le fumier dans ses principes composants
et les changent en nourriture pour les plantes, et quan
notre sol serait cultivé des siècles les uns après les autres
il porterait toujours de riches fruits, si nous le prépa
rions toujours comme le demande la plante et si nou
n'oubliions jamais de lui rendre ce que nous lui prenons
Le paysan croit ce repos nécessaire, surtout pour les ter
rains légers, afin de leur donner plus de solidité ; mais i
atteindra ce but bien plus facilement par un ordre conve
nable dans les récoltes, et aura de plus, par ce moyen e
gratis, un champ propre, vigoureux, et délivré de toute
mauvaises herbes.

CHAPITRE V

A l'école de notre mère.

Développement et multiplication des plantes.

Il n'y a pas de plus grande joie pour un campagnard que de se promener sur ses champs un beau matin de printemps, après une chaude pluie d'orage tombée pendant la nuit, et de voir comment ses semailles croissent et verdissent leurs tiges.

« Quel temps superbe, pense-t-il, l'on ne peut désirer mieux : les journées chaudes et claires, des nuits sombres »; puis il contemple joyeusement ses pommiers blancs comme neige par la quantité de leurs fleurs, il regarde sa vigne s'il en possède une, son cœur est plein de reconnaissance.

« Jamais, dit un plaisant qui n'a d'autre souci sur terre que son gosier, jamais l'on ne pourra boire tout ce que ce beau temps va faire pousser. »

Mais notre père de famille plus sérieux pense que toute la nature semble animée du souffle de Dieu, puis il continue à travailler, pousser la charrue, cultiver, peser, porter, faire baigner et paître ses bestiaux comme le ferait une mère pour l'enfant qu'elle a porté.

« Vois-tu, dit-il à son petit garçon, comme le seigle nous monte déjà aux jambes, l'épeautre devient touffu, l'avoine bouge, l'orge tourne ses petites feuilles?

— Mais, père, demande l'enfant, comment se fait-il que tout pousse ainsi ?

— Cela vient de ce qu'il fait chaud et humide en même temps, et que chaque petite plante trouve sa nourriture en abondance.

« — Mais, père, que mangent donc les plantes ?

— Eh ! petit sot, bien sûr qu'elles ne mangent pas comme toi, des moineaux, ni des herbes.

— Mais quoi donc ?

— Parbleu, dit le père, du fumier, de la terre, enfin ce qui est bon pour elles et leur convient.

— Mais elles n'ont pas comme nous une bouche et des dents, comment peuvent-elles donc manger, demande le petit garçon qui, comme tous les enfants, voudrait bien tout savoir.

— Va, dit le père, n'en demande pas tant, je ne le sais pas moi-même. Occupe-toi d'apprendre ton alphabet plutôt que de t'inquiéter de choses qui ne te regardent pas et que personne ne te demande. »

Cependant le père éprouve une honte secrète d'avoir marché trente ans sur les champs, d'avoir vu à chaque printemps croître les jeunes plantes, sans jamais s'être demandé comment une plante germe et croît, et se retournant il trouve derrière lui l'auteur de ce petit livre qui lui frappe sur l'épaule et lui dit : Ne sommes-nous pas nous-mêmes, bien que déjà vieux, des écoliers auxquels on présente le grand livre de la nature afin que nous apprenions à y lire et à y inscrire ensuite quelque chose avec la charrue et la herse. Ne faut-il pas que nous exercions notre intelligence à utiliser les forces de la nature et à les rendre les esclaves de nos besoins ? Arrêtons-nous un peu ici près de ce grain de semence car il me prend l'envie de te tenir un petit discours matinal sur son développement, si tu veux bien m'écouter.

Le germe de cette plante de maïs trouve sa nourriture dans l'ergot, dont les substances nutritives se transforment sous l'influence de l'humidité du sol, tandis que cette plante de haricot trouve la sienne dans les lobes qui meurent après que la provision de nourriture a été absorbée. Les tout petits grains n'ont presque pas de provision nutritive et la plante se montre de suite sur le sol.

Si nous considérons de plus près cette plante de haricot nous y trouvons trois parties distinctes : la racine, le tronc ou tige, et les feuilles, qui toutes trois participent à la nourriture et à la croissance de la plante.

La racine sert aussi bien à consolider la plante dans le sol qu'à la nourrir, et nous remarquons que notre plante de haricots possède une racine pivotante profondément enfoncée, tandis que les céréales et les herbes n'ont que de petites racines presque à fleur de terre : cette circonstance même est extrêmement importante pour l'agriculture, car les plantes sont par cela susceptibles d'occuper sur le sol une surface plus ou moins grande. Les racines ne sont pas en elles-mêmes et par elles-mêmes susceptibles de vie ni de reproduction, et c'est pourquoi les tubercules des pommes de terre, les oignons, le chiendent et autres plantes de même espèce ne doivent pas être considérées comme des racines proprement dites, mais bien comme des parties souterraines de la tige, car elles ont toutes des yeux ou bourgeons, qui se développent d'eux-mêmes dans le sol et produisent de nouvelles plantes.

Le *tronc* est l'axe de la plante auquel s'attachent les autres parties. Il repose sur la racine, et supporte les rameaux et les branches, les feuilles, les fleurs et les fruits. Il est tantôt mou et herbacé, tantôt ligneux, et toujours recouvert d'une écorce. Nous apprendrons bientôt plus complétement le rôle qu'il joue dans la vie de la plante.

Les *feuilles* ont également une importance spéciale dans l'existence de la plante. Elles sont tantôt attachées par une tige, tantôt sans tige, et en forme de roseaux comme dans nos herbes.

Au bout des parties du tronc aussi bien qu'à l'épaulement de la feuille nous remarquons des bourgeons qui sont la première ébauche d'une branche nouvelle, ou d'une nouvelle touffe de feuilles ou de fleurs.

Le bourgeon final qui est destiné au prolongement du tronc est plus fort que les bourgeons latéraux. Les bourgeons ne s'ouvriront qu'au printemps prochain, et nous mettent déjà à même de conclure si nous aurons pour l'année qui vient abondance ou manque de floraison. Seulement dans le cas où la première pousse serait détruite par la gelée ou par la voracité des chenilles, les bourgeons destinés à l'année suivante, donnent une nouvelle pousse dès la première année. En outre nous trouvons sur beaucoup de branches des bourgeons dormants, poussés déjà depuis une ou plusieurs années, sans s'être développés, et qui sont appelés à la vie, selon les circonstances ou les besoins.

L'activité de la plante trouve sa conclusion dans la formation de la fleur et du fruit. La fleur qui se développe sur la plante qui a fini de croitre, contient les parties destinées à la formation du fruit et de la semence. En considérant la fleur de plus près nous trouvons que ces feuilles aux couleurs charmantes qui réjouissent tant nos yeux n'ont que peu d'importance pour la formation du fruit; nos céréales ne les possèdent même pas du tout. Mais à l'intérieur de ce cercle de feuilles, nous trouvons des fils délicats qui portent à leur extrémité supérieure de petites têtes que l'on nomme *anthères*, et dans le fond de la fleur se trouvent un ou plusieurs petits tubes styloïdes qui ont à leur extrémité supérieure la forme d'un grain ou d'une petite plume, et qui a leur extrémité inférieure s'élargissent en la forme d'un œuf. Cette partie de la fleur s'appelle le *pistil* et porte dans sa partie inférieure élargie appelée l'*ovaire*, les petits ovicules à peine visibles qui sont destinés à former des grains de semence.

Lorsque les petites poches qui terminent les étamines

sont arrivées à maturité elles éclatent et répandent autour d'elles une fine poussière dont une partie tombe sur la boucle du pistil qui à ce moment est enduite d'un jus gluant qui retient cette fine poussière de semence. Celle-ci se gonfle en devenant humide, crève et produit un petit tube qui s'allonge par le bas dans l'intérieur du tube du pistil, va chercher jusque dans l'ovaire un oricule avec lequel il s'unit, et c'est ainsi qu'il fructifie le grain de semence. Tu connais dans le seigle cette fine poussière de semence (pollen, décrite plus haut); elle s'attachera au nez de ton petit garçon s'il sent de trop près une fleur de lys, elle s'attache à la patelle des abeilles et d'autres insectes qui cherchent dans les fleurs le doux jus du miel, et aident ainsi en même temps à la fructification des plantes; souvent même on voit au printemps la poussière de semence des pins, flotter au dessus des forêts comme un léger nuage jaune. Elle se trouve dans toutes les plantes en quantité tellement abondante que la fécondation ne pourrait faire défaut si quelques circonstances défavorables se produisaient, par exemple : lorsque au moment de la floraison des arbres fruitiers il arrive de fortes pluies ou de la neige, car cette poussière alors se mouille et reste attachée aux anthères; ou bien lorsqu'au moment de la floraison du seigle, de fortes gelées nocturnes ont lieu qui détruisent cette poussière, auquel cas la fleur demeure stérile et tombe.

Par le travail de la fécondation se termine la mission de la fleur; ses belles pétales tombent, les étamines sèchent, et l'ovaire commence alors à s'épaissir et à former le fruit. Souvent le grain est entouré d'une enveloppe charnue comme dans les fruits à pépins et à noyaux et les baccifères (groseilles, raisins, citrons), souvent il n'a qu'une simple enveloppe de feuille, comme le grain riche en farine de nos céréales, ou bien il est renfermé dans une gousse coriacée comme le grain huileux du colza.

Beaucoup de plantes peuvent encore se multiplier d'une autre façon, car les bourgeons ou yeux de leur tronc, non développés, ont la faculté de se transformer en racines ou en tiges, comme par exemple les pommes de terre, les oignons, les tubercules du dahlia, les topinambours, etc. Ce cas se présente dans beaucoup de nos herbes de prairies qui se complètent et se multiplent toujours par de nouvelles pousses souterraines, de même que chez les mauvaises herbes, dont la plus importante, le chiendent, possède déjà dans les parties les plus courtes de son tronc souterrain filandreux, assez d'yeux pour former de nouvelles plantes. Ainsi se fait également la multiplication du houblon au moyen de pousses d'un an (plant) que l'on coupe, et que l'on plante dans le sol pour leur faire prendre racine à nouveau. Les bourgeons non développés du tronc apparent, et des rameaux de beaucoup de plantes, possèdent cette même faculté de reprendre racine et de pousser des tiges lorsqu'on les remet en terre. Je te rappelerai à ce propos le plant de vigne, qui se coupe dans le bois mûr d'un an, et les pousses d'œillet de jardin qui s'obtiennent en couvrant de terre les branches latérales jusqu'à ce qu'elles aient repris racine. Toutes semblables sont les boutures que l'on peut faire de plantes riches en sève telles que cactus, fuchsia, géranium, ainsi que des bois mous des peupliers et osiers, il suffit pour ces espèces, de planter en terre une petite branche ayant au moins un bourgeon. Ce développement des bourgeons, n'a pas lieu seulement dans la terre; il se produit aussi sur d'autres plantes, par exemple lorsque l'on porte le bourgeon d'un arbre sur un autre arbre, autant que possible dans la même position, ou bien lorsque l'on transporte toute une branche avec plusieurs bourgeons sur un autre arbre.

Sur cette faculté repose le greffage, l'écussonnage et l'entage des arbres à fruits.

— Mais combien ces genres de reproduction sont de peu d'importance en comparaison de celui opéré par la semence et de quelle richesse de graines la nature a-t-elle pourvue un grand nombre de plantes pour qu'elles puissent ainsi former la partie la plus importante de notre nourriture!

« Mais c'est assez pour cette fois, diras-tu à l'auteur de ce petit livre, tu me raconteras la prochaine fois comment la plante reçoit la nourriture et comment elle se l'approprie, comment elle croit et prospère, et ce que j'ai à faire afin que rien ne lui manque de ce qui peut contribuer à son parfait développement. Il est temps maintenant de prendre la soupe du matin et de retourner au travail — vois mon verger dans toute la splendeur de sa floraison et dis moi si ton cœur n'est pas rempli de joie! »

« C'est vraiment superbe », reprend l'auteur, tandis qu'il respire à pleins poumons ce parfum délicieux — ne semble-t-il pas que notre mère nature ait voulu dire à l'homme : Vois, je ne travaille pas seulement pour l'utilité de mes créatures, mais aussi pour leur agrément; je revêts aujourd'hui mes plantes de ce superbe vêtement d'hyménée avant qu'elles ne commencent leur plus grande tâche, dans peu de jours ces feuilles agréables tomberont, et alors commencera la véritable mission de la fleur, qui est de porter de la graine et des fruits.

Mais combien de fleurs charmantes passent leur vie parmi nous autres hommes, sans porter aucun fruit! Et combien le lecteur aimé n'a t il pas connu d'hommes parmi nous, qui, comme une plante toujours fleurie, ne paraissaient avoir d'autre mission que de plaire à l'humanité, et de briller à ses yeux, et qui, enfin désespérés d'eux-mêmes sont tombés comme une fleur stérile, reconnaissant trop tard qu'ils avaient manqué leur voie! Le fruit ne mûrit que sous le chaud soleil de la vie, au milieu de ses privations et de ses souffrances, fruit paisible de la justice et de l'amour du prochain !

Ainsi donc, recherche les joies innocentes qui égaient et rafraîchissent les sens, mais n'oublie jamais la mission de la fleur !

Sache aussi, que bien de petites plantes fleurissent modestes et cachées, sans couleurs éclatantes, et qui cependant portent des fruits aussi précieux que le sont ceux de nos céréales ! Que le père de famille en élevant ses enfants ne s'attache pas à l'éclat extérieur, mais qu'il jette dans le cœur de chacun d'eux la semence moralisatrice qui plus tard portera de riches moissons de vertu pour lui et pour sa descendance !

Configuration intérieure et croissance des plantes.

Si le lecteur attentif se plaît à sonder la nature, il voudra encore en apprendre davantage. Il connait maintenant les simples substances nutritives des plantes et sait quelles formes pleines d'art celles-ci prennent dans le corps de la plante, et alors il adresse cette question à l'auteur :

— Comment cela se fait-il? Laisse pénétrer mes regards dans les ateliers secrets, où s'opère cette transformation merveilleuse de la substance.

— Eh bien! dit l'auteur. prenons la première tige venue d'une plante de trèfle. fendons-là, et nous y trouverons une masse juteuse verte, égalisée. Si nous considérons cette masse à travers un microscope, nous verrons qu'elle se compose de milliers de bulles infiniment petites, entourées d'une enveloppe transparente comme de l'eau; les petites bulles cellulaires sont très serrées les unes contre les autres et adoptent une forme tantôt ronde tantôt angulaire; entre les cellules courent des fils solides qui s'étendent en longueur à travers tout le corps de la plante, s'embranchent dans ses rameaux, et forment par leurs fins embranchements les côtes des feuilles. Ces fils consistent, ainsi que le démontre une observation plus approfondie, en une quantité de petits tubes excessivement fins que l'on nomme vaisseaux.

Les fibres solides du lin et du chanvre, que l'on peut travailler, consistent également en un faisceau de ses petits vaisseaux.

Les vaisseaux eux-mêmes proviennent des cellules, car le mouvement montant de la sève a transformé en petits tubes allongés les cellules qui étaient les unes sur les autres. Du reste, ces vaisseaux ne paraissent pas participer aux fonctions vitales de la plante, car en dehors de l'époque de sève, dont ils se remplissent autant que d'air, ils sont plutôt destinés à conserver à la plante sa tenue et sa solidité.

Ce sont les petites bulles que nous trouvons dans les cellules qui sont les véritables instruments nutritifs de la plante; ce sont elles qui produisent le cours régulier de la sève bien qu'elles n'aient entre elles aucune liaison, et qu'elles soient entièrement distinctes les unes des autres. Si nous pouvions les voir encore plus attentivement, nous trouverions qu'elles ont une double paroi, dans l'intérieur desquelles sont contenus tantôt des corps infiniment petits, tantôt seulement une sève claire et transparente.

C'est dans de semblables petits grains qu'est contenu l'amidon dans les cellules des pommes de terre, et autres plantes tuberculeuses; ce sont ces petits grains verts (nommés vert de feuille) qui nagent dans les cellules des feuilles et des tiges, et leur donnent leur couleur verte. Quant à la sève contenue dans ces cellules, elle consiste la plupart du temps en eau dans laquelle est dissoute la nourriture des plantes. Mais comme les cellules ne se touchent pas par tous leurs côtés, il en résulte de petits passages, nommés passages entre-cellulaires qui contiennent du gaz, de l'eau, ou même de la résine comme dans les pins, ou du chyle comme dans l'euphorbe.

Maintenant que nous avons appris à connaître les cellules comme les parties réellement actives, nutritives et croissantes de la plante, nous allons aller plus loin et voir comment elles reçoivent et mettent en œuvre cette nourriture.

La nutrition des plantes se fait par les racines et par les feuilles. Les racines, au moyen de leurs petits fibres terminés par une peau spongieuse, aspirent l'eau environnante, avec tous les principes nutritifs qui y sont contenus. Pour qu'elles puissent les recevoir il faut qu'ils soient parfaitement dissous dans l'eau. Les plantes diverses absorbent des quantités plus ou moins grandes de sel terreux, soluble; cependant elles ne sont capables d'aucun choix dans les substances aspirées, aussi en prennent-elles quelquefois de nuisibles qui causent leur perte.

Il est remarquable que les racines se développent surtout dans la direction qui leur permettra de trouver davantage de nourriture. Ainsi l'on verra souvent les racines des arbres s'étendre à une distance considérable jusqu'à un terreau, et les racines du tremble, de la luzerne et du trèfle chercher leurs éléments de nutrition à une grande profondeur. Cette circonstance explique du reste l'état très régulier des céréales en herbe, en contradiction avec la répartition forcément irrégulière du fumier.

Mais, diras-tu, comment fait donc cette petite racine pour prendre dans le sol la nourriture de la plante? A-t-elle la force et la volonté de l'attirer à elle? Non, l'attraction de la sève nutritive hors du sol a lieu, parce que le contenu liquide des cellules de la petite racine est plus dense que l'air qui l'entoure, et alors ces deux liquides, en vertu d'une force propre de la nature, cherchent à travers la petite peau qui termine la racine à égaliser leur densité. Une petite partie du contenu des cellules de la plante est remplacée par une quantité d'eau un peu plus grande. Mais alors le contenu de la seconde et troisième cellule est de nouveau inégal en densité et cherche à s'égaliser de la même manière, et ainsi se produit de cellule en cellule un courant de sève à travers toute la plante, jusqu'à ce que cette sève en soit arrivée aux limites extrêmes, aux feuilles.

Plus la sève monte, plus elle se meut vivement, parce qu'elle se condense toujours de nouveau. Dans les vaisseaux, également, agit une force particulière qui entraine l'élévation de la sève. C'est ce que l'on appelle l'attraction des tubes capillaires, qui détermine les liquides à s'élever dans ces tubes extrèmements étroits.

En outre, les feuilles ont aussi la tâche d'animer et d'entretenir constamment le courant de la sève. L'épiderme des parties de la plante qui se trouvent exposées à l'air possède par places de petites fissures sous lesquelles se trouvent ce qu'on appelle les trous de respiration, qui sont en communication avec les cellules; ces trous sont en très grande quantité notamment à la partie inférieure des feuilles.

Lorsque la sève est parvenue par les cellules jusqu'aux feuilles, celles-ci commencent leur travail en ce que au moyen de leurs fissures elles laissent évaporer une grande partie de son eau; par ce moyen la sève est condensée de façon à exiger toujours une nouvelle aspiration d'eau par les racines, de la manière décrite plus haut.

Les feuilles et les parties vertes du tronc des plantes ont encore une mission non moins importante que celle d'enlever le superflu de l'eau; elles aspirent aussi au moyen de leurs fissures, de l'acide carbonique contenu dans l'air.

Mais, par les substances nutritives aspirées (acide carbonique et eau), une quantité d'oxygène beaucoup plus grande qu'il n'est nécessaire pour son corps pénètre dans la plante, aussi sous l'influence de la lumière du soleil elle le rend de nouveau à l'air vital indispensable aux hommes et aux animaux.

Un travail contraire a lieu pendant la nuit, durant laquelle les plantes aspirent de l'oxygène et exhalent de l'acide carbonique. Cependant pour notre bonheur la production de l'oxygène pendant le jour est supérieure à la quantité d'acide carbonique exhalée pendant la nuit par les plantes. Je dis : pour notre bonheur, car s'il en était autrement, l'oxygène de l'air serait absorbé continuellement et l'air ne contiendrait plus que de l'acide carbonique, gaz impropre à la respiration.

Pendant le temps où les feuilles se forment, le courant de la sève dans les plantes est le plus fort; il diminue quand les feuilles sont complètement formées, et cesse tout à fait lorsqu'elles tombent.

Ainsi on ne rencontre pas dans la plante un appareil de pompe comme le cœur de l'homme qui répartit le sang dans toutes les parties du corps : un simple équilibre des liquides denses et déliés, à travers les parois, forment le courant de sève. Quant aux feuilles, elles ont les mêmes fonctions que nos poumons, en ce qu'elles purifient et clarifient le liquide brut, et le préparent en nourriture utile; elles sont aussi indispensables à la plante que les poumons à l'homme, car une plante que l'on priverait de ses feuilles au moment où se produit le courant de sève devrait mourir d'étouffement. Un arbre à feuillage, dont les feuilles sont mangées par les chenilles ou détruites par la grêle se sauve au moyen des bourgeons dormants et des bourgeons d'épaulement qui ne devraient s'ouvrir que l'année suivante. Par contre un arbre à pins qui ne possèdent pas de bourgeons dormants et dont les bourgeons d'épaulement ne se développent que l'année suivante, meurt par suite de la destruction de ses feuilles.

A la montée de la sève correspond une descente de cette même sève. Nous remarquons cela notamment dans les arbres, où la sève descend depuis les feuilles jusqu'aux racines entre la couche d'écorce la plus nouvelle, formée l'année précédente, et le cercle de bois également de l'année précédente, dans ce qu'on appelle le tissu de formation, et forme dans cette descente une nouvelle couche de cellules. Si l'on pelait un large espace circulaire sur le tronc d'un arbre en dessous des tranches, l'arbre périrait, parce que les racines qui reçoivent leur nourriture aussi bien d'en haut que d'en bas, ne seraient plus suffisamment nourries.

Les nouvelles cellules se forment en ce que la petite peau d'une cellule existante se retire et se fend par le milieu, ce qui produit deux globules qui grossissent et deviennent nouvelles cellules.

Ici trouvera place une courte observation sur le tronc de nos arbres. Le tronc des arbres se distingue du tronc des herbacées annuelles surtout en cela, que la plus grande partie de son corps, le bois proprement dit, consiste en cellules durcies qui n'ont plus aucune part aux fonctions de vie et à la croissance de l'arbre. Ces fonctions sont remplies par ce qu'on appelle le tissu de formation, couche molle de cellules qui entoure le cœur solide du tronc, et se trouve entre le bois et l'écorce. C'est là qu'a lieu le courant de sève et la formation de nouvelles cellules : le tissu de formation soutient seul la vie de l'arbre. Nous voyons souvent de vieux peupliers ou de vieux saules creux, dont le cœur intérieur du bois est complétement pourri et qui pourtant croissent et verdissent aussi long-temps que leur tissu cellulaire est intact. Si nous sui-

vons la formation d'un vieux tronc d'arbre de l'extérieu
à l'intérieur, au moyen d'une sciure transversale, nou
remarquons tout d'abord l'écorce qui se compose de l
couche extérieure liégeuse, ravinée, puis l'écorce propre
ment dite, et enfin en troisième lieu le liber, d'où est for
mée l'écorce tout comme le bois est formé de tissu d
formation. Après l'écorce vient le cercle du tissu de for
mation, puis le jeune bois nommé aubier, puis le cœu
vieux et dur; enfin au milieu du tronc la moelle, composé
de quantité de cellules molles et claires, qui étend se
rayons comme un soleil sur les sombres faisceaux des vai
seaux.

La moelle et l'écorce des jeunes plantes ont égalemen
de la sève dans leurs cellules, et font échange de cett
sève, horizontalement. La moelle est beaucoup plus moll
que le cœur du bois, mais celui-ci se laisse fendre faci
lement dans le fil des rayons de la moelle.

Les cellules qui forment le bois d'un arbre sont allon
gées et vont en pointe en haut et en bas comme de
fuseaux. Elles entrent les unes dans les autres. Peu à pe
elles s'épaississent de plus en plus, et ne laissent plus qu'u
étroit tuyau rempli d'air. Chaque année un nouveau cercl
de bois parfaitement reconnaissable est formé par le tiss
de formation, ainsi qu'une couche d'écorce. Selon le
conditions de croissance plus ou moins favorables d'un
année, ces cercles sont plus ou moins larges, et les cercle
de bois extérieurs, c'est-à-dire les plus jeunes, ont auss
une dureté moins grande que les plus anciens; le bû
cheron sait bien estimer la valeur du bois de cœur, vis
à-vis de celle de l'aubier ou jeune bois, qui favorise à u
haut degré la croissance des champignons de bois et l
pourriture, et est plus exposé aux atteintes du perce-boi
et autres larves d'insectes. La saison dans laquelle l'arbr
est abattu, est d'une grande importance pour la consis

tance du bois. Pendant l'époque de la sève, les cellules sont larges, ouvertes et molles; ce bois sera par conséquent beaucoup plus exposé à l'humidité et à la pourriture que s'il est abattu pendant l'époque de repos, où les cellules sont étroites et retirées, et donnent aux bois une durée et une solidité beaucoup plus grandes. L'époque la plus favorable pour abattre le bois de charpente, est le mois de décembre; déjà en janvier, lorsqu'il ne fait pas trop froid, et encore plus en février et mars, l'affluence de sève augmente. Ainsi les arbres de pins coupés dans le temps de la sève, ont duré quatre à cinq ans, tandis que d'autres, abattus en décembre, ont pu rester dix-huit ans en terre avant de pourrir. Ces bois sont également à l'abri des vers.

Les cellules et vaisseaux monospermes présentent un arrangement régulier tandis que celles des plantes à lobes : herbes, céréales, maïs, etc., n'ont aucune régularité dans l'arrangement de leurs vaisseaux ; elles ne possèdent pas non plus de rayons de moelle et sont pour la plupart creuses au milieu.

Nous avons déjà vu que la plante ne contient que peu de substances aériformes ou terreuses, qu'elle reçoit de l'air, partie au moyen de ses feuilles, partie de la terre par ses racines.

Nous savons qu'une grande partie du corps de la plante est formé de carbone, qu'elle tire de l'air par ses feuilles sous forme d'acide carbonique, ou de l'humus du sol, dissous dans l'eau, en séparant l'oxygène et s'appropriant le carbone. Les autres substances nutritives de l'air, hydrogène et oxygène, sont prises par les racines de la plante dans l'eau, d'ailleurs composée elle-même de ces deux substances, et la plante possède la faculté de séparer ces deux principes composants de l'eau. De plus, l'eau compose elle-même une grande partie du corps de la plante, puisque le contenu de ses cellules consiste pour une grande part en eau.

Le quatrième principe composant, tiré de l'air par la plante est l'azote ; tu sais depuis longtemps qu'il se trouve en petite quantité dans la nature sous forme d'ammoniaque, il se retrouve dans la plante lorsque celle-ci est arrivée à l'état comestible, et c'est à l'emploi soigneux de l'ammoniaque que l'on connait le campagnard intelligent. L'ammoniaque ne forme qu'une petite partie du corps de la plante ; ainsi dans quarante livres de foin, par exemple, il n'y aura qu'une livre d'azote ; cependant l'ammoniaque a une grande importance, car c'est lui principalement qui constitue la valeur nutritive des plantes et c'est d'après lui que s'édifie le corps des hommes et des animaux. Nous trouvons l'azote principalement dans les parties les plus jeunes des plantes et dans les graines. Ainsi dans le trèfle, les feuilles sont beaucoup plus riches en azote que la tige, et les feuilles des plantes en possèdent plus avant la floraison qu'après, parce qu'alors l'azote monte dans les graines, et tout cela sont des avertissements pour le paysan, afin qu'il récolte en temps voulu les plantes nutritives, et qu'il donne tous ses soins à la conservation des feuilles lors du desséchement.

La petite partie d'azote répandue dans l'air en est séparé par la pluie, et conduite aux racines des plantes ; c'est le fumier qui leur en donne la plus grande quantité.

Le soufre est nécessaire en petite quantité pour la formation de ce qu'on appelle les matières albumineuses des plantes ; il est pris par les plantes sous forme d'acide sulfurique dans le gypse contenu dans le sol.

Les matières incombustibles ne forment qu'une très petite partie du poids de la plante : par exemple dans la paille de froment, 5 à 6 livres ; dans le bois de sapin, 8 à 10 livres au quintal. La cendre des plantes contient : de la terre siliceuse, du phosphore, de la chaux, de la potasse, du natron du sel commun, du chlore. Les différentes parties des mêmes plantes contiennent des quantités inégales de substances minérales.

Dans l'ordinaire, les feuilles, l'écorce et les parties jeunes du tronc en sont beaucoup plus riches que le tronc et les racines. Dans les grains des céréales, et dans la plupart des autres graines, le phosphore et la chaux sont en quantité assez considérable, et même la réception de l'azote parait liée à la présence dans le sol d'une certaine quantité d'acide phosphorique. La terre siliceuse sert aux plantes comme moyen d'affermissement de leur corps, et est absolument nécessaire à beaucoup de plantes, notamment aux herbacées, pour donner aux brins la tenue et la solidité; souvent leur feuilles en contiennent une grande quantité.

C'est un des phénomènes les plus beaux et les plus admirables de la nature que le peu de substances qui sert aux plantes pour édifier leur corps. Ainsi, au moyen des trois mêmes substances conformes : oxygène, hydrogène et carbone, la nature compose des images de formes les plus diverses, de goûts les plus variés et possédant toutes sortes de facultés, suivant que l'un ou l'autre de ces trois principes composants de l'air a la prédominance.

On divise les principes composants des plantes en deux grands groupes suivant qu'ils se composent seulement des trois substances ci-dessus, ou qu'ils contiennent outre cela de l'azote. Ce sont :

1° Les parties non azotiques (qui ne contient pas d'azote);

2° Les principes azotiques.

Ainsi le carbone, l'hydrogène et l'oxygène forment : les acides des plantes, puis la matière de laquelle se forment les cellules, l'amidon (la farine dans les pommes de terre et autres plantes dites tuberculeuses), la gomme, le sucre, le mucilage, la graisse, la résine, et la matière colorante des plantes.

Le carbone, l'hydrogène, l'oxygène, l'azote et le soufre forment : l'albumine que les grains de céréales entre autres contiennent en grande quantité.

Le carbone et l'hydrogène forment : les huiles volatiles des plantes.

La matière des cellules forme la masse principale des plantes : les cellules, avec les fibres, les vaisseaux et l'écorce. Pour l'agriculteur il est de grande importance que les cellules des plantes soient molles et facilement mangeables comme dans les jeunes feuilles et tiges, tandis que plus tard elles deviennent dures, ligneuses et difficilement solubles. La matière des cellules est dure comme pierre dans les coquilles de noix, les noyaux de cerises et de prunes, élastique dans le liège, allongée et flexible dans le liber du lin, du chanvre et du coton.

L'amidon, que nous connaissons par le contenu farineux de la pomme de terre, consiste en très petits corps arrondis; principalement à l'époque de la maturité il se sépare du jus laiteux des cellules pour se déposer dans les grains du blé, du maïs et des légumes. C'est par l'amidon qu'est produite déjà dans la plante la gomme qui peu à peu se change en sucre. Nous reconnaissons la présence de gomme dans les jeunes plantes en ce qu'elles deviennent muqueuses au toucher lorsqu'on les broie, et qu'elles ont un goût douce-reux. Cette gomme est formée par l'amidon du grain de semence, et la même chose a lieu dans la préparation du malt.

Nous trouvons le sucre dans la composition des plantes, principalement sous deux formes, savoir le sucre de cannes et de betteraves qui, à sa séparation d'avec le sirop mucila-gineux adopte des formes cristallines régulières, puis le sucre de raisin qui est moins doux et plus difficilement soluble dans l'eau que le sucre de cannes, et qui ne se cris-tallise pas. L'amidon peut par un procédé chimique être transformé en sucre de raisin, et celui-ci mêlé avec de la evure possède la faculté d'entrer en fermentation et de produire de l'esprit de vin et de l'acide carbonique. C'est sur cette faculté que repose la préparation de la bière et de l'eau-de-vie.

Les matières albumineuses des plantes ont la même composition que l'albumine de l'œuf et se coagulent dans l'eau comme celle-ci.

Les légumes jeunes, les grains oléagineux, sont riches de cette albumine, tandis que dans les légumes, pois, haricots et lentilles, nous trouvons une matière toute semblable, qui ne se coagule pas par la cuisson, mais bien par l'aigreur. comme le caséum dans le lait. De la même composition dans nos grains de céréales est encore le gluten, qui forme le résidu gluant lorsque nous mâchons des grains, tandis que l'amidon est avalé de suite. Ce gluten forme le principe composant le plus important dans nos grains de céréales, et se trouve surtout dans les rangées de cellules, au-dessous de la peau du grain.

Les deux groupes de matières de plantes albumineuses et amidonnées, ainsi que la substance des cellules, et les huiles sont d'une grande importance pour la nourriture des hommes et des animaux, en ce que les matières albumineuses forment les principes composants du sang, et sont destinées à l'édification du corps, tandis que les autres doivent servir au corps comme calorique, et sont brûlées dans les poumons.

Les huiles sont, ou grasses ou volatiles, comme l'huile de térébentine et l'huile de pétrole. Les huiles grasses sont contenues dans toutes les plantes en petite quantité, dans la sève des cellules, mais surtout dans les graines des plantes oléagineuses, telles que le pavot, le colza, le lin, le chanvre. Les huiles volatiles n'ont pas le gras de nos huiles de table; elles ont un goût piquant et ce sont elles qui donnent aux fleurs et aux épices leurs parfums si délicats ; du reste, le parfum du foin doit son origine à une huile produite par la fermentation.

En outre, diverses plantes contiennent de la résine, d'autres du tan ; ce dernier a la propriété de tanner la peau des animaux en se mettant en liaison indissoluble avec les parties gluantes de celle-ci. Les matières colorantes donnent aux plantes leur aspect si varié ; elles ne sont autre chose que le jus coloré des cellules, ou bien de petits grains qui nagent dans la sève, comme le vert de feuille de toutes les parties vertes des plantes. Elles ne se forment que sous l'influence de la lumière ; c'est ainsi que des plantes, venues dans des endroits obscurs, restent toujours blanches. Quelques plantes possèdent des matières excitantes, comme le tabac et le café, d'autres des poisons violents comme la belladone ; d'autres encore, des acides comme la pomme, beaucoup de baies et les raisins. Mais toutes ces plantes trouvent leur emploi précieux pour notre nourriture, notre santé, notre habillement et mille autres besoins et circonstances de notre vie.

L'agriculteur occupe l'emploi de changeur en matières. Il rassemble les matières de la nature, les transforme avec l'aide de leurs propres forces, en productions humaines. Il réunit l'azote et l'acide carbonique contenus dans l'air et dans les excréments des animaux, il enlève les principes composants de la terre et les porte au marché sous forme de céréales, plantes commerciales, bétail et produits de bétail. Il est en combat continuel avec divers éléments ennemis, car il ne peut lui être indifférent que les matières de la nature se trouvent dans son étable sous la forme de bétail, viennent au marché sous forme de lait, remplissent ses greniers sous forme de grains, ou bien dévastent son champ sous forme de souris, détruisent les fleurs sous forme de hannetons, ou s'échappent de sa cour sous forme de ruisseaux de fumier.

L'agriculteur a deux questions importantes à résoudre pour mener à bonne fin sa production, savoir :

1º Comment me procurerai-je au meilleur marché possible les matières nutritives des plantes; comment les utiliserai-je de la manière la plus complète et les rendrai-je réellement utiles à ma production?

2º Sous quelle forme les porterai-je au marché, afin de leur donner leur plus grande valeur, car c'est tantôt sous forme de bétail ou produit de bétail, qu'elles sont le mieux payées, tantôt comme céréales et plantes commerciales: cependant, il faut aussi tenir compte pour cela, des circonstances naturelles qui favorisent davantage le succès de tel ou tel produit, du prix des journées, des habitudes du marché, et de diverses autres circonstances.

CHAPITRE VI

Si tu veux fumer convenablement tes terres, demandes aux plantes
de quoi elles vivent.

Il n'y a peut-être pas une question qui soit plus importante pour le bien de l'homme, que celle du fumier, car
toutes les questions qu'ils ont à régler entre eux, sont
loin d'avoir l'importance de celles que l'homme doit régler
avec la nature. Toutes les discussions politiques ne valent
pas cette simple question :

*Rendons-nous au sol ce que nous lui avons pris, ou
restons-nous ses débiteurs? Sommes-nous exposés à
un appauvrissement du sol, ou sommes-nous en état,
avec l'augmentation des besoins, de produire plus
de fumier, d'augmenter nos récoltes et d'enrichir
notre sol?*

Crois-moi : Le simple paysan qui produit deux herbes
là où il n'y en avait qu'une, a beaucoup plus d'importance
pour l'humanité, que le conquérant qui remporte dix vic-
toires. Les royaumes du monde se dispersent comme la
poussière au vent. La guerre et la discorde marchent à leur
suite. Les conquérants laissent derrière eux, dans l'histoire du monde, un sillon sanglant, et des millions de malé-
dictions les accompagnent ; tandis que sur les œuvres modestes du paysan s'étendent les bénédictions pour une action
bonne et utile qui enrichit le monde.

Nos pères pensaient en savoir assez sur la nourriture
des plantes, lorsqu'ils donnaient au sol le fumier de leur
bétail, et se contentaient du léger produit que pouvait
leur donner ce maigre fumier.

Mais depuis que notre agriculture a été entraînée, par l'invention des chemins de fer, à prendre sa part du trafic universel, depuis que le prix des biens, les salaires et les impôts se sont élevés, depuis que le bétail et ses produits valent le double et le triple de ce qu'ils valaient autrefois, depuis que la ferme d'un paysan envoie au marché, dans une bonne année, plus de produit qu'elle n'en envoyait dans cinq, la question de l'engrais a pris une toute autre face. Nous ne nous contentons plus de ce que le champ nous offre de bon gré, nous voulons augmenter son rendement : nous élevons davantage de bétail, nous le nourrissons mieux, nous faisons plus de fumier et du meilleur, nous avons même recours ainsi à toutes sortes d'engrais artificiels : guano, noir animal, sel, cendre, gypse, etc., nous mettons dans le sol un plus gros capital, et comme de juste nous nous demandons de quelle manière il sera le mieux et le plus sûrement placé et comment il pourra rapporter les plus gros intérêts.

Nous nous demandons : Quelles sont les substances nutritives que l'engrais donne aux plantes ? Toutes les plantes ont-elles besoin de la même nourriture et combien ? Le fumier contient-il tous les principes composants de cette nourriture en quantité suffisante, ou que lui manque-t-il ? Est-il l'engrais le meilleur et le moins cher, et, que contiennent les engrais artificiels ? A quoi reconnaît-on leur nécessité, et quelle est la manière la plus sûre de les employer ? Et tandis que nos pères, allant à l'aventure, faisaient des essais lorsqu'ils voulaient trouver quelque chose de semblable et dépensaient beaucoup d'argent, leurs fils prennent le chemin le plus court : ils s'informent ; c'est-à-dire qu'ils savent demander à la plante : de quoi vis-tu ? et la plante leur répond ; ils interrogent le sol : que donnes-tu à la plante ? puis, à l'air : que peux-tu lui donner ? puis ils se demandent à eux-mêmes : que dois-je leur fournir ?

Ces questions se font, il est vrai, dans les cabinets de travail, et la réponse est, le plus souvent, écrite dans des livres que le paysan ne lit pas. Mais tout le bien ne sert à rien tant qu'il ne se trouve que dans les livres, tant qu'il n'est pas utilisé pour le bénéfice de tous les hommes, qu'il n'est pas crié dans les rues et expliqué aux gens simples, afin qu'ils apprennent à comprendre comment ils pourront l'utiliser. Pour que tout le bien puisse servir au bénéfice général de l'humanité, il ne suffit pas qu'il soit prêché sur tous les tons, il faut encore que tous les hommes suivent ses conseils, le reconnaissent et veuillent l'employer.

Écoutons donc comment les chercheurs ont procédé à l'examen de la plante pour apprendre de quoi elle vit, et ce qu'elle dépense. La réponse s'est produite simplement lorsqu'ils ont séparé de la plante chacune de ses parties constitutives, car en effet si nous savons exactement de quoi elle se compose, nous saurons aussi exactement de quelles matières constitutives elle a besoin pour sa complète nutrition.

Maintenant le chercheur demande de plus : toutes ces matières te sont-elles également nécessaires, ou bien as-tu quelque préférence pour l'une ou pour l'autre, ou bien encore, te contentes-tu juste de ce que tu trouves? Et la plante répond : Si je dois prospérer et devenir parfaite, il faut que je trouve dans le sol tous les principes composants dans la même proportion que tu les trouves dans mes grains et dans ma paille. Par exemple, si ton sol est riche en azote, mais pauvre en phosphore et en potasse, je reste petite et faible, car puisque ces matières ne sont là que pour une plante petite et faible, je ne puis employer plus d'azote qu'une plante petite et faible et je rejette le superflu. La même chose arrive lorsqu'un autre principe composant, par exemple la chaux ou le natron, manque dans le sol, lors même que son besoin serait pour moi insignifiant.

La plante dit encore : tous mes principes composants doivent être parfaitement solubles dans l'eau, si je dois les prendre et me les approprier, et la quantité totale de matières nutritives présente dans le sol, importe moins que la quantité qui s'y trouve à l'état soluble.

Le chercheur demande encore : Est-ce l'homme qui doit te donner tous ces moyens de nourriture? A quoi la plante répond : Non, il ne doit m'en donner que la plus petite partie, car j'en trouve beaucoup dans l'air et beaucoup dans le sol, et si tu comprends ce dont j'ai besoin, et si tu me le donnes comme il me convient, je te récompenserai richement de ton engrais, et tu ne te repentiras pas de m'avoir interrogé avant de me donner la première chose venue, ou avant de te vanter de savoir tout cela mieux que moi et de ne pas avoir besoin d'informations.

Ainsi parle la plante, et le lecteur la comprend fort bien; mais il pense qu'il est bien difficile de tout savoir et de remarquer, tout ce dont une plante a besoin, il pense qu'un paysan n'est pas un savant, et que tous ces termes de pharmacie ne peuvent pas lui entrer dans la tête.

Sans doute ce serait là un grand art, et aucun paysan n'en aurait l'habileté, si la nature n'avait pourvu aux besoins de toutes ses créatures d'une manière suffisante, ne laissant à l'homme que peu de substances nutritives à fournir; ce sont ces quelques substances que nous devons apprendre à connaître exactement si nous voulons nous inquiéter sérieusement de l'entretien de la vie de nos plantes agricoles, pour leur amélioration et pour notre bien.

Nous avons vu que la plante doit trouver dans le sol les matières dont se compose son corps, et l'art de la fumure consiste à les lui fournir.

Nos lecteurs connaissent déjà les quatre substances nutritives tirées de l'air par la plante : acide carbonique, azote, oxygène et hydrogène.

Parmi celles-ci l'oxygène et l'hydrogène sont tellement répandus dans la nature que nous n'avons pas à nous en inquiéter.

Le carbone est une partie constitutive essentielle du corps des plantes et des animaux. Il est offert en grande quantité aux plantes par l'acide carbonique de l'eau, et pénètre dans l'air par les millions de plantes et d'animaux qui pourrissent, par les millions de feux qui brûlent journellement, et par la respiration de millions d'hommes et d'animaux, de telle sorte que le paysan pourrait croire ne pas avoir à s'en inquiéter.

Cependant la présence de cette provision naturelle n'est pas suffisante pour obtenir des moissons supérieures, il faut encore en donner aux plantes par l'engrais, qui le développe en grande quantité en se décomposant.

Mais nos soins doivent être beaucoup plus grands pour l'azote. Celui-ci se développe comme nous l'avons vu par la décomposition de l'engrais, sous forme d'ammoniaque, et ce dernier se transforme de nouveau dans la terre en acide azoteux. C'est sous cette forme que l'azote est pris et utilisé par la plante.

Pendant longtemps on a considéré l'azote comme le principe composant le plus essentiel de l'engrais, duquel seul le paysan devait s'inquiéter, il l'a été en effet aussi longtemps que le sol a livré aux plantes en quantité suffisante les parties constitutives cendreuses. Mais lorsque celles-ci commencèrent à manquer, ce fut leur tour d'être considérées comme les plus essentiels et l'estime pour l'azote baissa considérablement.

Maintenant le lecteur sait tout cela beaucoup mieux. Il sait : que tous les principes composants nutritifs de la plante ont la même importance, et que nous considérons seulement comme la chose la plus essentielle, celle qui nous est la plus nécessaire, et qui nous coûte le plus. L'estime pour l'azote était d'un autre côté tellement tombée pendant un temps chez messieurs les habiles et les savants, qu'ils prétendaient qu'il y en avait assez dans l'air et dans le sol, et que celui qui se trouvait dans l'engrais n'avait plus aucune valeur. Mais on s'aperçut bientôt que l'air n'est pas en état d'en fournir suffisamment aux plantes, et il n'a rien perdu de l'estime du paysan ; ce qui le prouve, c'est le prix élevé du guano, basé en grande partie en sa contenance d'azote.

Certainement il doit se trouver beaucoup d'azote dans l'air et dans l'eau de pluie, car on a trouvé qu'une bonne récolte de trèfle contenait beaucoup plus d'azote qu'elle ne pouvait en avoir pris au sol sur lequel elle avait poussé, et qu'il ne pouvait être venu d'ailleurs que de l'air. Mais pour une pousse vigoureuse de trèfle il faut un sol également vigoureux, car les jeunes plantes de trèfles veulent à proximité de leurs racines une bonne quantité d'azote dissous, pour se fortifier rapidement et croître avec vigueur, et pour cela celui que l'air contient n'est point du tout suffisant. Nous apprenons par là que nous ne devons pas cesser de mettre l'air à contribution autant que possible en ameublissant la terre et en faisant succéder habilement les plantes à feuilles aux plantes à tiges, car celles-là ont la propriété de faire provision d'air à notre profit.

L'azote est et reste un des principaux moyens nutritifs desquels doit s'inquiéter le paysan, cependant il suffit qu'il donne à ses champs un engrais fort et abondant. Si dans notre agriculture nous donnons une importance réelle aux pâturages, si nous entretenons un bétail suffisant, en lui donnant une nourriture abondante et forte, si nous visons à l'accroissement du produit en fumier, nous pourrons donner à nos plantes une provision suffisante d'azote, et nous n'aurons pas besoin d'acheter d'autres engrais azotés. Comme dans les conditions actuelles de l'agriculture le pâturage est beaucoup plus estimé qu'autrefois, il n'est pas douteux qu'il n'y ait bientôt dans nos champs assez d'azote pour produire de riches moissons de céréales; nous serons même en état, avec le secours de nos fumiers d'étable, et des soins entendus donnés aux pâturages, de produire les plantes commerciales (oléagineuses, betteraves à sucre, tabac, houblon, etc.), en une suite régulière, sans avoir besoin d'achats étrangers d'engrais azotés. Mais si nous ne voulons pas attendre pour les plantes commerciales que nos champs soient arrivés au degré de vigueur nécessaire, et qu'ils nous invitent eux-mêmes à cette production, alors l'achat d'engrais azotés tels que guano, extrait de malt, marc est indispensable si tu ne veux pas qu'une belle moisson de colza n'endommage tout le reste de la culture, et que la belle pièce d'argent que tu en retireras et qui t'aveugle ne fasse tort à ta ferme.

Le cas est le même là où il n'y a que peu de prairies, et où la culture des grains est le plus en faveur, là où le paysan estime son rapport d'après le nombre de boisseaux qu'il peut porter au marché, et où le bétail reçoit plus de paille dans son râtelier que sous ses pieds. De telles fermes envoient au marché beaucoup plus d'azote qu'elles ne peuvent en produire, et un renouvellement est indispensable si l'on ne veut les exposer à un prompt abaissement du rapport. Alors le guano devient l'auxiliaire du paysan, mais, vu son prix élevé, son emploi ne peut se compenser que par une augmentation dans le prix en grains; aussi tout s'unit pour crier à ce paysan : « Il est grand temps que tu changes de voie. » Tout bétail maigre dans l'étable, la fosse pleine d'un fumier sans force, le trèfle mal venu, témoignent d'un ordre faux dans la succession des

récoltes, et les moissons minces avec leurs épis légers
crient vers le ciel : « Ici l'on commet le crime de lèse-
nature. »

Mais s'il s'agit de relever rapidement le rapport de
champs maigres ou abattus, le guano est d'un excellent
secours, car il livre aux jeunes plantes une nourriture
abondante et facilement soluble, et l'azote qu'il contient
a la propriété de rendre parfaitement solubles les parties
constitutives cendreuses qu'il trouve dans le sol, et de les
amener promptement à leur action. Par le même motif il
est employé avec succès pour des terres nouvellement dé-
frichées. Il va sans dire que les rapports acquis doivent
être employés avec soin à la production de beaucoup de
fumier d'étable vigoureux, sans quoi le guano n'aurait
servi qu'à enlever au sol sa dernière force.

Nous voyons donc que dans les cas ordinaires les
besoins d'azote seront suffisamment pourvus par une économie intelligente du fumier d'étable, mais il en est autrement de la cendre produite par le brûlage de nos plantes.
Toute plante a besoin de principes composants terreux,
aussi bien pour l'édification de son corps que pour la formation de ses grains et de ses fruits. Mais cette plante ne
prend pas juste ce qu'elle trouve de principes composants
elle dit au sol : « Il faut que tu me donnes *tant* de cette
matière constitutive et *tant* de cette autre si tu veux que
je prospère. » Ces principes composants terreux, méritent
donc doublement notre attention, si nous réfléchissons
que justement les plus importants d'entre eux ne sont que
peu répandus, qu'au contraire ils sortent de chez nous en
grande quantité sous formes de grains, viande, lait,
légumes, etc., et qu'ils n'y rentrent pas de leur propre gré
comme le carbone ou l'azote, par l'air ou l'eau de pluie.

Les principes composants terreux du fumier ont tous, il
est vrai, la même importance pour la plante: mais, natu-

rellement, l'on ne s'inquiète que des plus rares, de ceux qui ne se trouvent dans le sol qu'en quantité relativement minime et que, par conséquent, il ne peut livrer à la plante en quantité suffisante pour obtenir un accroissement de récolte. Nous pouvons ici placer au premier rang la potasse et le phosphate, au second, la terre calcaire, la terre muriatique et l'acide sulfurique, au troisième, le natron, le chlore, le fer et le manganèse.

Le petit tableau suivant nous donnera une idée des principes composants des cendres de diverses plantes, et nous fera voir la prédominance du phosphate, surtout dans les grains; combien nous en enlevons avec ceux-ci, sans qu'une compensation suffisante en soit donnée par le fumier, si le sol n'est pas en état de fournir le supplément nécessaire. La potasse est, par contre, particulièrement abondante dans les trèfles, colza et légumes.

	Cendre ou principe composant terreux.	50 kil. de cette cendre contiennent:				
		Potasse et natron.	Chaux et magnésie.	Phosphate.	Terre siliceuse.	Acide sulfurique, argile, chlore, fer et manganèse.
50 kil. de graines de froment contiennent :	1.2	32	5	49	2	2
» grains de seigle »	1.2	36	14	48	1.5	0.5
» grains d'orge »	2	20	11	36	28	5
» grains d'avoine »	2	16	11	21	51	1
» de pois »	1.7	46	13	37	0.5	3.5
» pommes de terre »	0.6	65	8	16	3	8
» foin de prairie »	5	20	23	9	35	13
» foin de tremble »	1.2	28	40	26	1	5

Ces précieux principes composants des cendres forment, il est vrai, d'après le poids, à peine la trentième partie des produits emportés, et l'on pourrait croire que dans la grande masse de nos champs, ils devraient passer inaperçus.

Ainsi pensent encore aujourd'hui beaucoup de gens qui ne veulent pas dépenser d'argent ; mais, même parmi les savants et les connaisseurs, on a beaucoup discuté et beaucoup écrit sur la question de savoir si l'homme avait à s'occuper des principes composants cendreux. Nous ne devons pas en rire, bien que nous sachions la chose un peu mieux maintenant, car il est bien plus facile à un faiseur d'almanach d'exprimer une vérité, qu'à un examinateur persévérant de la nature, de trouver cette même vérité, et rien n'est plus difficile à considérer que les fonctions vitales d'une plante, sur lesquelles tant de circonstances ont leur influence. Il est bien clair maintenant, que la plupart des terrains cultivés contiennent assez de principes composants cendreux pour ne causer, après des siècles, presque aucune diminution dans les récoltes moyennes, pourvu que l'on ait le soin de fumer convenablement.

Mais nous voulons plus que des récoltes moyennes, nous voulons procurer chaque année plus de fumier au champ, et toujours augmenter sa vigueur afin qu'il nous compense de l'augmentation d'engrais par des moissons plus riches ; et alors la plante nous dit : « Il faut me donner un supplément de certains principes composants cendreux, car je ne suis pas en état de les puiser et de les préparer dans le sol en quantité suffisante à ma prospérité parfaite, et le sol ne peut augmenter sa production dans les mêmes proportions que tu augmentes les exigences. » Si le fumier d'étable est augmenté, l'addition de noir animal et de potasse doit être augmentée également, car autrement, il y a dans le sol un superflu d'azote, qui ne peut agir complètement si les principes composants cendreux nécessaires ne se trouvent pas en quantité suffisante, solubles dans le sol, comme nous le disions plus haut.

Pour savoir ce que nous devons amener à nos plantes en matières constitutives cendreuses il faut nous baser sur le terrain et ses principes composants eux-mêmes, le fumier d'étable que nous produisons et les produits que nous vendons.

On pourrait penser que ce devrait être chose facile pour messieurs les savants, que d'examiner notre terre arable et de nous dire : « Ami, ton sol demande tant de livres de noir animal, ou de potasse, ou de chaux. » Mais ils ne le veulent ni ne le peuvent, car le sol diffère trop dans ses principes composants pour que l'on puisse voir ce qui lui manque par le simple examen de quelques livres de ce sol et de plus, il importe moins si ces principes composants sont abondants, que si ils sont facilement solubles dans le sol.

La nature te dira tout cela bien plus clairement si tu es un observateur attentif, car voici ici la maladie des pommes de terre, là, l'épeautre n'a que des épis très courts et dégénère, ou bien voici le charbon, et le trèfle devient noir et ne grandit plus; tous ces témoins muets te disent clairement : « Ton sol manque de cendres. » La terre glaise est presque toujours riche en principes composants cendreux, il est donc moins utile d'en ajouter que de préparer ceux qui s'y trouvent et de les rendre solubles. Mais le terrain graveleux est très pauvre et, de plus, il ne sait rien retenir, ni employer avec économie ce qu'on lui donne. Nous devons donc fournir à ce camarade dissipateur, ses moyens d'engrais d'une manière modérée et les employer à propos, afin qu'il ne les engloutisse pas et ne les laisse pas s'en aller dans ses profondeurs, avant que la plante ait pu s'en rassasier.

Le fumier peut servir de base pour l'addition à faire de principes composants cendreux, en ce qu'il existe une grande différence entre fumier et fumier. L'agriculteur qui nourrit son bétail avec des détritus de distillerie, de brasserie ou de raffinerie, celui qui l'engraisse avec des grains, ou qui ajoute à la pâture du son ou du colza, obtient un fumier bien plus riche en phosphate et en potasse, parce qu'une petite partie seulement de la richesse considérable en cendres de ces substances nutritives est retenue dans le corps des animaux, tandis que la plus grande partie passe au fumier.

Là où le paysan recueille avec soin le purin et le verse sur le fumier, ou bien laisse le fumier plusieurs jours sous le bétail afin qu'il s'imbibe de purin, là où l'on pourra ajouter de l'engrais humain ou élever des moutons, le champ sera enrichi non seulement en azote, mais aussi en matières cendreuses.

Enfin, les produits que nous portons au marché nous donnent, par leur contenu en cendres, la base de la compensation que nous devons au sol.

Si nous vendons peu de blé, mais principalement du lait et du bétail, nous pouvons compenser avantageusement le phosphore qui s'en va dans les os des animaux et dans les grains, par de petites quantités de noir animal, et nous pouvons employer celui qui est fin moulu ou fumé, tant que la force de fumier n'est pas considérable, parce qu'il contient aussi de l'azote. Mais si le contenu d'azote s'est augmenté dans le sol par suite de nombreux emplois de fumier d'étable, alors il est mieux d'employer le surphosphate de chaux qui ne contient pas d'azote, mais beaucoup de phosphate soluble.

Une forte culture de céréales occasionnera bientôt un manque d'azote, car les céréales en emportent beaucoup sans que la culture relativement minime de pâturage puisse fournir une compensation suffisante. Une addition de fumier riche en azote : engrais humain ou guano sera donc ici indispensable. Mais si, outre les céréales et les produits du bétail, nous vendons encore des plantes commerciales, nous devons savoir avant tout quels sont leurs principes

composants. Pour elles aussi, l'azote donné par le fumier
d'étable n'est presque jamais suffisant et, en outre, le colza
et autres plantes oléagineuses ont besoin de phosphore et
de potasse ; le lin et le chanvre demandent de la potasse
en grande quantité, puis du phosphore ; le tabac et les betteraves veulent beaucoup de potasse et moins de phosphore. Lorsque la culture du colza en grande quantité
n'est aidée que par le fumier d'étable, il se produit, après
plusieurs récoltes sur le même champ, un manque sensible de phosphore et de potasse, et il faudra pour la
semence de colza, un supplément de surphosphate ; le
trèfle et les plantes tuberculeuses demanderont un supplément de sel de potasse. Si les betteraves sont en grande
quantité, le champ s'appauvrit bientôt en potasse, et la
culture ne peut être continuée avec succès, qu'au moyen
d'une addition de cette matière. Dans les prairies suffisamment arrosées, le renouvellement de potasse n'est pas
nécessaire, parce qu'elles en sont richement pourvues par
l'eau ; mais il l'est d'autant plus pour une grande étendue
de prairies qui doit être fumée, parce qu'alors il faudra
pour cela, employer beaucoup de fumier et que la fourni-
ture de potasse pour les champs, ne pourrait être faite
qu'aux dépens des prairies. L'apport de potasse est toujours avantageux, aussi bien sur les champs que sur les
prairies.

De petits essais attentifs nous apprendront bientôt
laquelle des matières à engrais nous manque le plus et en
quelle quantité, et l'écrivain de ce petit livre pourrait difficilement décider un paysan à faire de tels essais, si ces
moyens d'engrais n'avaient pas été introduits chez nous
par le prix élevé des céréales, plus rapidement que n'aurait
pu le faire toute recommandation. Maintenant que le blé
commence à baisser de prix, nous ne voulons pas pour
cela que notre produit diminue, nous voulons, au con-

traire, chercher dans une augmentation de produit, la compensation à l'abaissement des prix. Nous ne rejetons donc pas ces engrais artificiels, mais nous cherchons à rendre leur action aussi sûre, aussi utile et aussi avantageuse que possible, en les employant avec intelligence.

Si nous nous informons de la quantité de ces fumiers à employer, l'expérience nous apprend que nous ne devons pas donner à la fois plus qu'il n'est nécessaire à la plante pour sa formation parfaite, car de grandes quantités de fumier ne sont pas compensées par un rapport plus élevé, il vaut mieux un emploi plus fréquent. Mais pour que les petites quantités puissent arriver à une action parfaite, nous ne devons les porter que sur des champs bien ameublis, propres et vigoureux, car les terrains maigres demandent beaucoup plus de fumier artificiel pour obtenir le même résultat, et l'action de ces engrais y est beaucoup plus incertaine que sur les terrains vigoureux. Le mieux est aussi de les employer sur des plantes qui pourront, dès la première année, rembourser leur prix. Avant tout, il est nécessaire que nous suivions, pour leur emploi, un plan régulier d'après les diverses récoltes que nous faisons suivre et que nous nourrissions régulièrement chaque année la même plante avec le même fumier, afin que nous rendions peu à peu à tous les champs, les pertes qu'ils éprouvent en substances nutritives. L'emploi d'engrais artificiel serait tout à fait faux, s'il ne devait servir qu'à remplir une lacune que le fumier d'étable n'a pu arriver à combler, et il ne faudrait, dans ces conditions, compter sur aucun résultat.

Nous donnerons dans un chapitre spécial plus de détails sur le traitement et la manière d'employer les engrais artificiels ; il nous reste encore maintenant à faire clairement comprendre au lecteur leur emploi sur les différentes sortes de terrain, car souvent c'est de là que dépend le résultat. Sur des terrains lourds, argileux, humides, et sur des terrains marécageux, la chaux sera le seul engrais auxiliaire sûr, car le succès de tout autre engrais exige qu'il y ait dans le sol de la chaleur, mais aucune humidité stagnante ou acide. Dans les terres chaudes riches en humus, les engrais artificiels peuvent s'employer très sûrement, car ces terrains ont à un haut degré la propriété de les conserver longtemps dissous, et d'empêcher la pluie de les faire disparaître dans le sol inférieur. Sur de tels terrains nous pouvons sans inquiétude répandre ces engrais, ou bien les herser avec la semence, ou bien les mêler au labour de la charrue (comme par exemple le noir animal brut sur la jachère, ou le sel de potasse avant l'hiver); nous serons assurés contre toute perte.

Il en est autrement avec les terrains sablonneux, car ceux-ci ne peuvent retenir assez longtemps les matières engraissantes, ni les préserver de la disparition; plus souvent encore ils manquent d'humidité pour leur dissolution, bien que ces terrains en eussent pourtant le plus grand besoin, c'est pourquoi il vaudra mieux pour eux employer l'engrais sous forme liquide.

Il sera bon aussi d'employer ces engrais pour des plantes qui ombragent beaucoup le sol, et empêchent ainsi une trop rapide évaporation de l'humidité. Les sels de potasse mêlés au fumier sont ce qu'il y a de meilleur pour les légumes, parce qu'ils empêchent en même temps une pourriture trop rapide du fumier. On emploie du noir animal pour les pommes de terre et pour les plants de choux-raves. La dispersion de surphosphate et de sel de potasse sur le trèfle et les prairies est du meilleur effet sur le terrain sablonneux, tandis qu'on l'emploie avec plus de succès pour les primeurs dans les terres argileuses.

Pour les terrains légers, nous devons recommander les genres facilement solubles : guano, noir animal mélangé

de guano, surphosphate, pour la fumure de surface, tandis
que ceux dont la solution est difficile, tels que : noir animal brut, et sel de potasse sont à recommander pour le
fumage pendant le labour, assez longtemps avant la
semence.

Nous conseillons à l'agriculteur de bien considérer ces
différents points de vue avant l'emploi d'engrais artificiels, et de ne procéder ensuite que par essais d'abord,
afin qu'une première désillusion ne lui enlève par l'envie
d'autres essais, et qu'il ne se prive pas ainsi pour toujours
d'un grand avantage; car souvent nous avons entendu
décrier les meilleurs engrais et bannir leur emploi, là où
une application intelligente aurait pu produire de gros
intérêts au capital engagé.

Faisons un court résumé de tout ce que nous avons dit,
nous trouvons que : le fumier d'étable est et reste le meilleur engrais dans la plupart des circonstances ; il est
aussi le meilleur marché parce qu'il est le plus sûr, et à
côté de ses propriétés fertilisantes, il possède encore d'excellentes facultés pour l'amélioration du sol (humidité,
chaleur, légèreté); de plus les engrais artificiels employés
en petites quantités ne peuvent avoir une action parfaite
que sur des terrains déjà gras. Notre dernier mot sera
donc : fumier, beaucoup de fumier, et avant tout de bon
fumier, afin que nous puissions richement engraisser nos
champs et nos prairies.

Mais un paysan amateur du progrès demandera encore :
Est-ce que mes plantes reçoivent par le fumier tout ce qu'il
leur faut? Le fumier seul est-il le moyen d'engrais le plus
utile, ou bien gagnera-t-il en valeur si j'emploie en même
temps des engrais artificiels? Que manque-t-il à mon terrain? Que lui enlèvent les produits que je vais vendre, afin
que je puisse le lui rendre si je veux être bon économe?
Comment l'emploierai-je sûrement et avantageusement?.

A cette demande je répondrai en chargeant un peu le vieux proverbe « Mieux vaut fumier que sagesse, » et je dirai :

Du paysan la plus grande sagesse
Est de fumer sa terre avec adresse.

Principales matières engraissantes contenues dans les divers engrais.

100 livres des matières ci-dessous contiennent :	Parties combustibles.	Parties cendreuses.	Azote.	Phosphate.	Potasse.	Chaux.
Frais excréments de vaches; nourriture d'hiver....	13	2.4	0.3	0.22	0.1	0.4
— — chevaux —	21	3	0.5	0.35	0.3	0.3
— — moutons —	36	6	0.8	0.6	0.3	1.5
— — porcs —	17	3	0.6	0.45	0.5	0.3
Urine fraîche de vaches nourriture d'hiver........	6	2	0.8	—	1.4	0.15
— — chevaux —	8	3	1	—	1.5	0.8
— — moutons —	10	3.6	1.4	0.5	2	0.6
— — porcs —	1.5	1	0.3	0.1	0.2	0.05
Frais excréments humains	23.4	3	0.7	0.6	0.3	0.55
Urine fraîche d'homme................	3	1.4	1	0.2	0.2	0.25
Fumier d'étable peu serré................	18	6	0.56	0.3	0.7	0.7
— — très serré................	17	8	0.62	0.35	0.45	0.9
Purin................	5	1	0.7	—	1	0.8
Abattures................	5	1.5	0.7	0.3	0.2	0.1
Paille de litière en moyenne	5	4	0.03	1.5	1	0.5
Paille des bois................	2	1.2	—	0.0015	0.0025	0.45
Guano du Pérou................	59	34	12	13.5	1.6	12
Noir animal, moulu fin et sec................	33	63	4	25.7	0.2	31
Noir animal fumé................	20	62	2.5	23	0.3	8.3
Surphosphate de chaux................	6	68	—	17	—	21
Lin pourri................	92	5.6	5	—	1.4	0.6
Colza pourri................	92	5.5	4.7	—	1.3	0.5

100 livres des matières ci-dessous contiennent :	Parties combusti-bles.	Parties cendreu-ses.	Azote.	Phos-phate.	Potasse.	Chaux.
Ferment de Malt	91.5	6	4	1.4	2	0.9
Cendre de bois	—	—	—	5 — 10	6 — 12	20 — 30
Cendre de tourbe	—	—	—	0.5 — 2	0.2 — 2	3 — 10
Sel de vidange de Stassfurt	—	76	—	—	7	9
Alcali sulfaté brut	—	95	—	—	10	19
Ferment d'alcali concentré	—	95	—	—	40 — 50	—

Moyenne du contenu des matières ci-dessous pour 100 litres

d'après le professeur E. Wolff.

	Azote.	Cendre.	Potasse.	Magnesie	Chaux.	Phos-phate.	Silice.
Foin de : prairies	13.1	66.6	17.1	3.3	7.7	4.1	19.7
— trèfle rouge	21.3	56.5	19.5	6.9	19.2	5.6	1.5
— luzerne	23.0	60.0	15.2	3.5	28.8	5.1	1.2
— esparcette	21.3	45.3	17.9	2.6	14.6	4.7	1.8
— vesce	22.7	73.4	30.9	5.0	19.3	9.4	1.3
Racines de : pommes de terre	3.2	9.4	5.6	0.4	0.2	1.8	0.2
— betteraves pour pâture	1.8	8.0	4.3	0.4	0.4	0.8	0.2
— — pour sucre	1.6	8.0	4.0	0.7	0.5	1.1	0.3
— navets	1.8	7.5	3.0	0.3	0.8	1.0	0.2
— choux	2.5	9.5	4.9	0.2	0.9	1.4	0.1
— carottes	2.1	8.8	3.2	0.5	0.9	1.1	0.2

	Azote.	Cendre.	Potasse.	Magnésie	Chaux.	Phos-phate.	Silice.
Paille : froment d'hiver	3.2	42.6	4.9	1.1	2.6	2.3	28.2
— seigle d'hiver	2.4	40.7	7.6	1.3	3.1	1.9	23.7
— épeautre	3.2	47.7	5.3	0.4	2.3	3.0	34.1
— orge	4.8	43.9	9.3	1.1	3.3	1.9	23.6
— avoine	4.0	44.0	9.7	1.8	3.6	1.8	21.2
— pois	10.1	49.2	19.7	3.8	18.6	3.8	2.8
— fèves de marais	16.3	58.4	25.9	4.6	13.5	1.1	3.1
— colza	3.0	38.0	5.7	2.1	10.1	2.7	2.6
Plantes filandreuses : lin	—	32.3	11.3	2.9	5.0	7.1	0.8
— chanvre	—	28.2	5.2	2.7	12.2	3.3	2.1
— houblon	—	59.8	22.3	2.1	10.1	9.0	9.2
Grains : tabac	—	197.5	51.1	20.7	73.1	7.1	19.0
— froment	20.8	17.7	5.5	2.2	0.6	8.2	0.3
— seigle	17.6	17.3	5.4	1.9	0.5	8.2	0.3
— orge	15.2	21.8	4.8	1.8	0.5	7.2	5.9
— avoine	19.2	26.1	4.2	1.8	1.0	5.5	12.3
— épeautre	16.0	35.8	6.2	2.1	0.9	7.2	15.8
— maïs	16.0	12.3	3.3	1.8	0.3	5.5	0.3
— colza	31.0	37.3	8.8	4.6	5.2	16.4	0.4
— lin	32.0	32.2	10.4	4.2	2.7	13.0	0.4
— pois	35.8	24.2	9.8	1.9	1.2	8.8	0.2
— vesce	41.0	20.7	6.3	1.8	0.6	7.9	0.4
— fèves	40.8	29.6	12.0	2.0	1.5	11.6	0.4

CHAPITRE VII

La force du bras et la victoire de l'intelligence.

Si le lecteur entre par hasard dans un atelier de machines ou dans toute autre fabrique ou mille roues bourdonnent, où de lourds marteaux sont soulevés comme des plumes, puis retombent avec un bruit épouvantable ; où des centaines de bras de fer s'entrelacent et semblent vouloir le saisir ; la tête lui tourne au milieu de ce brouhaha infernal, il se trouble, cherche la porte et s'enfuit ; il va toujours courant jusque là où lui sourit le ciel bleu, où le paysan marche paisiblement derrière son attelage et fait retentir ses « hue ! dia ! » et « hue ! haut ! », tandis que le chant joyeux de l'alouette qui s'élève dans les airs trouble seule le tranquille silence d'un bel après-midi.

Il s'assied sur un tertre au bord de la route, peu à peu le martellement et le bruit ne frappent plus ses oreilles, ce fracas est remplacé par le doux chant de l'oiseau qui célèbre l'hymne éternel de l'amour.

Ses pensées reviennent au calme ; il se prend à réfléchir sur ce que l'intelligence humaine unie à la nature peut faire de puissant : combien il aurait fallu de bras d'hommes pour soulever ces marteaux, mettre en mouvement toutes ces machines, auxquelles maintenant un seul homme impose sa volonté et ordonne à son gré de se mouvoir et de s'arrêter instantanément. Quel sortilège y a-t-il là-dessous pourrait-on penser, si le premier enfant venu ne savait pas qu'un peu de vapeur suffit à ce travail. Combien l'intelligence de l'homme paraît alors grande et élevée (car c'est grâce à elle que les forces de la nature nous servent, et que le vent, l'eau, la chaleur, et la foudre deviennent nos auxiliaires), à côté de la faible force de ses bras.

Pendant que le rêveur réfléchit ainsi et que l'alouette continue sa chanson il s'aperçoit que le laboureur s'efforce en vain de creuser son dur sillon; puis voilà que ses chevaux tirent trop lentement et s'il les pousse à une marche plus vive voilà qu'un malicieux pied d'herbe se place devant l'oreille de la charrue, qui alors remonte et les chevaux excités l'entrainent pendant un bon bout de chemin, jusqu'à ce que le laboureur réussisse à les arrêter et les ramener en arrière. Tantôt c'est la faute des chevaux ignorants, tantôt celle de la charrue qui pourtant n'est autre chose que du bois et du fer, puis enfin le laboureur, hors de lui de colère, en accuse même le ciel.

— Il fait bien chaud aujourd'hui, dit alors l'écrivain au moment où le paysan se retourne.

— Oui, dit-il, et puis, ces maudites racines de chiendent! Mais nous allons bien voir qui sera le maître. Je veux les enlever de force, je vais les faire sortir avec la herse, puis les brûler.

— Puis après six semaines ce sera absolument la même chose qu'aujourd'hui.

— Vous croyez? Mais que puis-je donc faire pour m'en débarrasser?

Alors l'écrivain lui raconte comment dans la fabrique un seul homme gouverne les plus grands marteaux à vapeur, que des centaines d'hommes seraient à peine en état de soulever; mais le paysan ne le comprend pas encore.

— Voyez, continue-t-il, la nature a des forces qui surpassent de beaucoup celles de l'homme, et qui, lorsqu'elles sont sans freins causent les plus grands désastres; mais par contre l'homme possède l'intelligence qui lui apprend à enchaîner les forces de la nature et à en faire ses serviteurs. Vous voulez par exemple enlever de force ces chiendents, et ne pouvez y arriver, et cependant la nature vous offre le moyen d'en devenir maître pour toujours sans effort, si vous reconnaissez la cause de ce mal, et que vous preniez la bête par les cornes. La cause de l'infertilité de vos champs est moins une mauvaise préparation de ceux-ci et le grand nombre d'herbes qui s'y trouvent, qu'un mauvais ordre de succession dans les récoltes, et avant tout un trèfle de très mauvaise venue donne au champ l'occasion de dépérir tandis qu'au contraire la mission du trèfle est de rendre le champ propre et vigoureux.

Le paysan, dans sa culture à trois assolements, réserve au trèfle le champ le plus mauvais, le plus inculte et le moins vigoureux, tandis qu'il lui faudrait, au contraire, un terrain tendre, bien ameubli et vigoureux. Il place ainsi la plante principale sur laquelle repose toute la prospérité de sa suite de récoltes, dans la situation la plus défavorable, et d'un côté il ouvre la porte toute grande aux mauvaises herbes, tandis que de l'autre, il est en combat continuel avec elles.

Mais comment faut-il donc que le trèfle soit cultivé, demandes-tu? et je réponds : Le trèfle veut, comme je viens de le dire, un sol propre et vigoureux. Je le mettrai donc après des plantes qui remplissent cette mission, telles que pommes de terre, raves, choux, vesces en champ d'été, ou après une pure jachère, colza, etc., en champ d'hiver, et la vieille expérience prouve que le trèfle en cet état, prospère le mieux et produit les meilleurs résultats.

Tu cultives :	*Je cultive :*
Fruits d'hiver,	Fruits de pioche,
Fruits d'été.	Fruits d'été,
Fruits de pioche et trèfle.	Trèfle,
	Fruits d'hiver.

Ma suite de récoltes a sur la tienne, tout d'abord l'avantage de donner à chaque plante sa meilleure place; ensuite, elle met autant que possible entre deux plantes à brins, une plante à feuilles, et tu sais combien les plantes à feuilles bien soignées : plantes à piocher, légumes, pâturages, trèfles, oléagineuses, etc., approprient le champ, l'ameublissent et le préparent parfaitement pour les plantes à brins qui suivront. On nomme cette suite, à cause de l'alternative de plantes à brins et de plantes à feuilles : échange de récoltes; c'est aussi pour la distinguer de la culture à trois assolements. Cette culture ne me force pas à mettre des plantes d'hiver après des fruits à piocher, comme dans la culture à trois assolements, dans laquelle ceux-là laissent le champ dans un état si meuble, qu'après cela, le seigle ou les vesces réussissent très mal. Les fruits à piocher reviennent à cause de cela, doublement chers au laboureur, car non seulement ils sont déjà par eux-mêmes des fruits chers, mais encore ils font tort à ceux qui viennent après eux, tandis que dans mon genre de culture, ils précèdent les fruits d'été, leur préparent le champ parfaitement et ont ainsi une double utilité. Ma suite de récoltes a, en outre, l'avantage de tenir compte des exigences de nourriture de chacune des plantes se suivant sur les principes composants du sol. Ainsi, les plantes à brins demandent plus d'acide phosphorique et de terre siliceuse, tandis que les fruits à piocher et les légumes veulent, au contraire, plus de potasse; les plantes de l'espèce du trèfle, plus de potasse et de chaux dans le sol, et nous voyons, par l'exemple ci-dessus, que chacune des plantes se suivant exploite le sol d'une manière différente. Les principes composants cendreux du fumier ne sont donc pas seulement utilisés tour à tour, mais ceux du terrain peuvent aussi, par la culture, être préparés suffisamment et rendus solubles.

Si nous comparons une fois encore la culture à
« échange de récoltes » avec la culture à trois assolements,
après la jachère faite, tu devras toi-même reconnaître laquelle des deux donne à la plante sa place la meilleure et
la plus sûre, car tu sais cela aussi bien que le faiseur d'almanach. Pour la plus grande intelligence de notre dire,
prenons une culture à trois assolements doubles, et sup-
posons que la moitié de la jachère a été cultivée avec du
trèfle :

Échange de récoltes.	*Culture à trois assolements.*
1. Plantes à piocher,	1. Fruits à piocher,
2. Orge,	2. Fruits d'hiver,
3. Trèfle,	3. Fruits d'été,
4. Fruits d'hiver,	4. Trèfle,
5. Vesces,	5. Fruits d'hiver,
6. Fruits d'hiver,	6. Fruits d'été.
7. Avoine.	

Ces deux cultures ne contiennent-elles pas les mêmes
récoltes? et, cependant, quelle grande différence dans leur
résultat. Où sont les mauvais champs de trèfle, ou même,
les tristes champs de blé après les pommes de terre et les
betteraves, où sont les racines importunes de mauvaises
herbes? Tout cela est disparu de soi-même, car elles ne
trouvent pas les conditions nécessaires à leur croissance.
Quelle grande différence dans le résultat des deux cultures;
et, cependant, cela ne tient qu'à ce que la position des
plantes n'est pas la même. Combien de travail tu t'épar-
gneras par la première, combien ce travail est réparti plus
régulièrement sur tout l'été, combien tes récoltes sont plus
sûres et meilleures, par cela que les forces de la nature
ont l'occasion d'agir pleinement pour la prospérité de la
plante. Quelle victoire de l'intelligence sur la force bru-
tale, qui croit pouvoir tout dompter.

Personne ne sait quel fut l'homme qui, le premier, après

une connaissance exacte de la nature des plantes, donna à chacune d'elle, sa place convenable dans la culture. La culture par « échange de fruits » est vieille et est en usage dans certains districts de l'Allemagne, depuis des temps très reculés, cependant c'est du comté de Norfolk, en Angleterre, qu'elle nous vient ; là-bas, elle a mis l'agriculture en pleine prospérité. C'est peut-être par là que repose sous le gazon, l'homme auquel l'agriculture est redevable de son plus grand bien. Aucun monument de bronze ne perpétue son nom, mais lorsque tu passes dans tes champs qui, par suite de cette bonne culture sont beaux de prospérité, il semble que chaque tête d'épi, chaque brin de trèfle te crie : « Honneur et gloire à l'homme qui a trouvé à l'école de la nature, le plus bel ornement de l'intelligence humaine, et qui a fait, des enseignements qu'elle lui donnait, la règle de son travail ; nous voulons partout pour notre prospérité, lui élever un monument par lequel on apprendra et l'on comprendra son enseignement. »

Cependant, c'est ici le moment de placer un mot pour sauver l'honneur de cette vieille culture à trois assolements, et de parler de nos pères, qui n'étaient point si aveugles aux prétentions de la nature, que se le figurent beaucoup de jeunes gens par lesquels le mot vieux est si souvent confondu avec sot. La culture à trois assolements fut suivie longtemps avant que la pomme de terre et la culture du trèfle aient été connues chez nous. Le paysan avait alors la plus grande partie de son bien en pâturage et une petite partie seulement était livrée à la culture peu productive du fourrage. Une portion du pâturage était mise en jachère pendant l'été et ensemencée de fruits d'hiver et de fruits l'été ; c'était bon et sage. Seulement, après introduction de la culture des plantes à piocher et du trèfle, par suite de la diminution, puis de la cessation complète des pâturages à cause des prix élevés, puis, par suite de la con-

trainte sur les champs, qui ne laissait d'autre choix a
paysan que de cultiver les fruits à piocher et les fourrage
après la jachère, se forma cette suite contre nature d
récoltes qui existe encore maintenant, et que le paysa
continue à suivre par routine plutôt que de suivre sa ra
son. Une condition indispensable à sa fin est naturelle
ment l'abolition de la contrainte sur les champs, et il se
rait impossible de croire qu'il y ait encore des partisans (
des défenseurs de cet enrayoir de tout progrès agricole, s
l'on ne savait que dans le pays des bossus, tout homm
passe pour un incomplet s'il n'a pas sur le dos, cette excrois
sance superflue.

La culture à trois assolements n'est pas seulement nu,
sible aux récoltes séparées, elle l'est aussi à la vie de l
propriété elle-même ; car, par une culture excessive, ell
donne beaucoup plus de paille qu'il n'est nécessaire à u
bon fourrage et un bon fumier, et ne peut, par conséquen
pas être conduite avec succès, sans une addition conside
rable de prairies ; or, celles-ci demandant beaucoup de fu
mure et ne peuvent jamais laisser arriver le champ à s
complète vigueur. Là aussi, l'échange de récoltes remet e
état une propriété. Les plantes à piocher et les plantes
feuilles rendent dans la culture à échange de récoltes, l
pure jachère inutile dans la plupart des cas, parce qu'ell
entretient constamment le champ dans un état satisfaisan
de propreté et d'ameublissement.

Le témoin le plus important de la mauvaise nature d
la culture à trois assolements, est la vache du paysan qu
se sert de ce genre de culture : elle est, durant toute s
vie, maigre et chétive, car sa nourriture est la paille, e
son rapport est en proportion de la maigreur de son corps
son fumier est sans vigueur, et sa progéniture est pauvre

Le principe de la culture à échange de récoltes, qu
donne à chaque plante sa place naturelle selon ce qu'ell

lemande au labour et au fumage du sol est le premier
précepte pour une administration soignée du sol. Là où ce
principe n'est pas appliqué, tout résultat ne peut être
qu'un résultat forcé ; mais si ce principe t'a été fortement
inculqué, tu n'es pas tenu à des règles fixes pour la succession de tes récoltes comme dans la culture à trois assolements. La culture à échange de récoltes s'adapte à chaque
pays, à chaque situation, à chaque terrain, précisément
parce qu'elle ressort de la nature au lieu d'être entrée de
force dans la nature. Tu peux avoir un échange de récoltes avec quatre et dix divisions et même davantage, tu
peux, avec des propriétés ayant des sols différents et des
états de travaux divers, établir ton échange de récoltes
tout à fait d'après ces données.

Naturellement il y a certaines considérations à observer
pour la convenance d'un échange de récoltes à certaines
situations, convenances qui ont trait au sol, au climat, à
l'état de vigueur de la propriété, aux facilités de travail,
aux conditions de débit, aux prix des récoltes, mais on ne
peut jamais dire que tel ou tel échange de récoltes est le
meilleur, ou que telle ou telle division peut être recom-
mandée pour toutes les situations, car il s'agit toujours
de reconnaitre quelle suite de récoltes convient le mieux
pour les situations présentes.

Quant à ce qui concerne le sol et le climat, il faut surtout faire attention de ne cultiver en grande quantité que
les plantes dont la réussite est à peu près sûre, et ne pas
craindre de mettre du seigle au lieu de froment ou
l'épeautre, de l'avoine au lieu d'orge. Plus le climat est
dur et plus le sol est mince, plus la nature indique le fourrage comme meilleur moyen de nourriture, et comme avec
les situations élevées et les sols plus minces, la certitude
de sûreté diminue pour la réussite des champs de fourrage, ce sont alors les prairies qui sont les meilleurs et les

plus abondants fournisseurs de pâture. Dans les situatior
encore plus élevées, le sol et le climat conseillent de mettr
en pacage la plus grande partie des terres qui peuver
toujours rester ainsi, ou bien être labourées de temps e
temps pour être plantées en céréales. Par contre, là où l
sol et le climat sont favorables à tous les genres de cu
ture, il y a d'autres considérations à avoir qui font pré
férer la culture du fourrage, celle des céréales, celle de
plantes commerciales, comme par exemple la possibilit
de se procurer des engrais à bas prix, la proximité de
diverses mains-d'œuvre à des prix avantageux, les cour
des grains, etc. Il reste établi que sous des conditions d
sol favorables qui permettent la réussite assurée des four
rages, tels que le trèfle rouge, la luzerne, l'esparcette, l
culture des fourrages sera toujours la chose principale, c
les prairies diminueront de plus en plus, car avec le four
rage l'échange des matières nutritives a lieu plus rapi
dement.

L'état de vigueur du terrain doit naturellement êtr
pris en considération avant toute chose pour l'établisse
ment d'une culture à échange de récoltes, et à chaqu
échange il faut s'assurer qu'il enrichit le terrain. Il ne
faut jamais cultiver de plantes dont la prospérité n'es
pas complètement assurée par l'état de vigueur du sol
car alors elles nuiraient plutôt que d'être utiles. Ur
échange de récoltes qui est fait de façon à sucer au sol ses
dernières gouttes de sang, est très blâmable, et une misé-
rable récolte d'avoine ne fera qu'y ouvrir toute grande la
porte aux mauvaises herbes.

Là où une propriété possède des sources étrangères de
fumure, telles que du foin de bonnes prairies aquatiques,
de bons engrais, bon marché, des occasions favorables à
l'achat de marc de bières et de lie d'eau-de-vie, le cultivateur peut ne pas avoir autant d'attention à conserver une

uccession de récoltes qui ménage la vigueur de son terrain, il peut, au contraire, planter autant et aussi longtemps qu'il y trouve son profit, vendre de la paille ou en
employer bien plus avec utilité à la nourriture de ses animaux, que celui qui n'a ni marc, ni lie. Mais dans la
grande majorité des cas, le cultivateur est obligé de se
créer lui-même son fumier, c'est pourquoi, à l'établisse-
ment d'une succession améliorée de récoltes, se lie presque
toujours une culture plus considérable de fourrage.

Poussé par l'élévation considérable de la main-d'œuvre
et par les beaux résultats de l'élevage du bétail, on
cherche maintenant, dans la plupart des fermes, une sim-
plification dans l'exploitation, pourvu qu'elle n'entraîne
pas avec elle un désavantage ou une diminution dans le
rapport.

Dans ce but, on destine, dans la propriété, un espace
plus grand à la culture du fourrage, et l'on cherche à
compenser la diminution ainsi causée dans la culture des
céréales par une augmentation de fumure et une amélioration dans le travail. Naturellement, les hauts prix de la
main-d'œuvre seront plus encore à considérer là où le terrain est moins fertile, et par conséquent, une succession
de récoltes qui demandent beaucoup de travail ne sera pro-
fitable que là où les produits seront élevés et la main-
d'œuvre bon marché, soit dans les contrées très peuplées.

Tout ce que nous venons de dire peut se résumer en ces
quelques mots : la mission de nos genres de culture est
d'atteindre les revenus nets les plus élevés, et cette mission doit être remplie de différentes manières selon les
situations diverses. Mais dans aucun cas ne te laisse en-
traîner à demander à la nature plus qu'elle ne peut te
donner; au contraire, sois toujours en avance avec elle;
elle te paiera un gros intérêt.

Les divers genres de culture peuvent, d'après les observations ci-dessus, se diviser en deux sortes : ceux où le terrain étant de peu de rapport demande peu de travail, et ceux qui demandent beaucoup de travail et une grande quantité d'engrais. Parmi les premiers, se trouvent les cultures de pâturage en première ligne ; elles laissent la plus grande partie des terrains en pâturage pendant plusieurs années et n'en mettent qu'une petite partie au labour. On aura déjà un meilleur résultat si les champs de fourrage ensemencés d'herbe et de trèfle sont d'abord fauchés, puis mis en pâturage, et ne restent pas ainsi plus de deux à quatre ans ; le résultat sera encore meilleur si l'on cultive le trèfle rouge à part, ne le laissant qu'un an sur le champ, puis le remplaçant par des herbes, telles que trèfle blanc et houblon, qui seront fauchées puis, plus tard, mises en pâturage. Ces successions de récoltes contribuent beaucoup à l'enrichissement du sol, et facilitent avec le temps l'introduction de plantes commerciales. Là où le trèfle et la luzerne réussissent bien, ils constituent conjointement avec les plantes à piocher la principale culture de fourrage, car ces dernières donnent le produit brut de fourrage, le plus élevé.

Les cultures où dominent les grains ne peuvent être exploitées avec succès que là où l'on peut avoir du dehors des suppléments d'engrais, ou bien là où le trèfle, la luzerne, et les plantes à racines donnent de beaux produits, mais jamais là où le principal engrais doit être fourni par les prairies. Dans ce dernier cas, elles n'amèneront avec elles qu'un appauvrissement des champs et un mauvais fourrage, et doivent, par conséquent, être doublement abandonnées, devant la baisse actuelle du prix des récoltes.

Les successions de récoltes dans lesquelles entrent des plantes commerciales, demandent, à l'exception des oléagineuses, une augmentation considérable de main-d'œuvre

et ne peuvent, par conséquent, être recommandées que là
où cette main-d'œuvre est à bas prix et où l'on pourra
aussi se procurer le supplément de fumier nécessaire.

La culture du colza a été exploitée jusqu'ici avec de
bons résultats sur les propriétés dont la vigueur du terrain la permettait, car son labour peut se faire en grande
partie avec des attelages, et le travail du coupage a lieu
à une époque où les bras sont nombreux ; elle a de plus
une action très favorable à l'ameublissement et au nettoyage du sol.

Ainsi, quelque variés que soient les genres de culture
que les circonstances nous engagent à adopter, tous pourtant s'établissent d'après la culture à échange de récoltes,
et nous permettent l'échange si bienfaisant des plantes à
feuilles ou à racines, ameublissant et nettoyant le sol avec
les plantes à brin, ou des plantes qui ménagent le sol
avec celles qui le fatiguent.

Les exemples suivants nous montrent combien les successions de récoltes peuvent être variées, et comment elles
s'adaptent à toutes les circonstances. Les astérisques indi-
quent l'année où la fumure doit avoir lieu.

a) Échange de récoltes avec culture prédominante de fourrage :

1° Moitié plantes à piocher *, moitié vesce,	1° Plantes à piocher,
2° » orge, moitié seigle,	2° Orge,
3° » trèfle rouge, moitié herbe ou trèfle blanc,	3° Trèfle,
	4° Plantes d'hiver *,
4° Jachère après la première taille *,	5° Herbe de trèfle,
5° Plantes d'hiver,	6° Herbe de trèfle,
6° Avoine.	puis jachère,
	7° Plantes d'hiver.

b) *Échange de récoltes avec culture prédominante de fourrages et de plantes commerciales.*

1° Jachère *,
2° Colza,
3° Plantes d'hiver avec trèfle rouge et herbe,
4° Herbe de trèfle *,
5° Herbe de trèfle après la première coupe de jachère *,
6° Plantes d'hiver,
7° Plantes d'été.

1° Colza,
2° Épeautre avec trèfle rouge,
3° Fourrage de trèfle,
4° Avoine,
5° Légumes,
6° Mélange de seigle, d'épeautre, de trèfle blanc et d'herbes,
7° Trèfle,
8° Trèfle pour fourrage,
9° Fourrage de printemps *, puis fumage et parcage.

c) *Échange de récoltes avec culture prédominante de grains.*

1° Plantes à piocher *, vesces,
2° Orge,
3° Trèfle,
4° Plante d'hiver,
5° Pois et haricots *,
6° Plantes d'hiver,
7° Plantes d'été.

1° Plantes à piocher *,
2° Plantes d'été,
3° Trèfle,
4° Trèfle, puis jachère,
5° Plantes d'hiver,
6° Légumes,
7° Céréales d'hiver,
8° Céréales d'été.

d) *Échange de récoltes avec plantes commerciales.*

1° Plantes à piocher *,
2° Orge,
3° Trèfle,
4° Épeautre,
5° Jachère pure *, ou seigle et vesce,
6° Colza,
7° Épeautre ou froment,
8° Plantes d'été.

1° Chanvre, tabac,
2° Froment,
3° Orge,
4° Trèfle,
5° Trèfle,
6° Colza,
7° Froment,
8° Avoine.

1° Betteraves,
2° Orge,
3° Trèfle,
4° Plantes d'hiver,
5° Tabac, chanvre,
6° Plante d'hiver.

Nous mentionnerons encore ici un défaut capital qui se rencontre assez souvent dans l'amélioration des terrains. Au lieu de mettre toute son attention à donner au trèfle une place sûre et favorable, le cultivateur croit pouvoir se tirer d'affaire en augmentant la culture des céréales, parce qu'il a besoin d'argent, et cherche à compenser l'augmentation de besoin de fumier en établissant des prairies.

Combien, dis-je, voit-on de propriétés de ce genre sur lesquelles le paysan, qui ne connait rien de mieux, introduit la culture à trois assolements et qui, dans la pensée juste qu'il ne peut s'en tirer que par l'augmentation du fumier, élargit ses prairies, c'est-à-dire épargne le fumier aux dépens de toute la ferme qu'il cultive, au lieu de prendre la voie tout à fait opposée, d'introduire sur ses champs une forte culture de fourrage, d'y labourer des prairies sèches, en plaine ou élevées, d'utiliser la vigueur du sol rassemblée en elles et restant morte, et d'en faire participer la propriété entière par de belles récoltes de paille et de foin. Qu'il fume convenablement les prairies qui y sont bien disposées, et que ce soit seulement lorsque son champ en pleine vigueur sera en état de faire des économies qu'il le remette de nouveau en prairie ou l'emploie à la culture de plantes commerciales. Que dirais-tu d'un commerçant gêné, qui préférerait placer à intérêt son petit capital à peine suffisant pour faire marcher ses affaires, et qui laisserait ainsi végéter son industrie qui lui coûte de gros intérêts? N'appellerais-tu pas cela brider son âne par la queue? Et cependant, c'est ce que tu fais.

Le passage d'une succession de récoltes à une autre demande d'autant moins de temps que l'on a plus de fumier à sa disposition, et que l'on peut par là hâter la prospérité d'une plante sur un terrain qui ne lui convient pas très bien. Autrement, il faut chercher à passer peu à peu d'un genre de culture à l'autre, sans perte de fumier et avec aussi peu de changements que possible dans le genre de l'exploitation. Avant tout, il faut voir à ce que la venue du trèfle soit assurée, et que celui-ci ne revienne pas trop tôt à la même place.

Plus ce passage pourra avoir lieu rapidement, et plus il y aura d'avantages, car ce passage cause toujours quelques pertes, et l'on ne peut travailler complètement à la prospérité de la nouvelle suite de récoltes que lorsque les plantes viennent les unes après les autres d'après leur suite naturelle.

Le campagnard peut beaucoup par sa force, son travail et son soin, mais tous ses efforts ne produisent guère de résultats sans l'intelligence qui le met à même de diriger et d'utiliser les forces de la nature; tandis que l'ignorant, renfermé dans les routines de l'habitude, piétine sans avancer. Il épuise dans un combat continuel et impuissant contre la nature, sa force et son temps, et c'est à cela qu'on distingue le cultivateur par vocation, du gâte-métier. Et où cette force de l'intelligence se fait-elle plus sentir que dans la succession des cultures? Dans une suite de cultures conforme à la nature, et convenablement disposée, tout s'engrène comme dans une machine bien bâtie, partout l'homme et la nature se tendent la main pour un travail agréable plein de résultats. Le travail est réparti également pendant toute l'année, et les forces ne sont pas tantôt éprouvées à l'excès pour être ensuite réduites à l'oisiveté. Mais si tu entres dans une ferme où le paysan et la nature ne s'accordent pas, tout accuse l'insensé : le mauvais état des céréales, le bétail maigre dans l'étable, avec ses rateliers remplis de paille, le fumier sec, les veaux malingres, la croyance à des sorcières dans l'étable, l'air malheureux du père de famille dont les traits tirés te prouvent que sur cette ferme pèse un charme, le plus terrible de tous, celui du manque de raison. Mais toi qui estimes comme il est dû la sagesse de notre éternelle mère nature, inculques-toi bien dans l'esprit ses trois premiers commandements qui sont les conditions principales de la prospérité d'une ferme :

1° Places dans la succession de tes récoltes chaque plante de telle sorte qu'elle trouve l'état du sol et du fumier nécessaire à sa prospérité.

2° Établis une succession de récoltes qui, non seulement rende à tes champs ce que tu leur prends, mais qui augmente leur vigueur.

3° Cultives le fourrage et la paille en proportion de ce qui est nécessaire à une nourriture bonne et suffisante pour ton bétail.

CHAPITRE VIII

De la nourriture, de la boisson, de la respiration et de la digestion.

Parmi nos aimables lecteurs plus d'un mange gaiement son morceau de pain noir en buvant son cidre ou sa bière blonde; chaque jour il y trouve le même goût et le même agrément, qu'il mérite bien du reste, car il l'a gagné par son travail. Un autre fait des observations à la cuisinière, parce qu'elle lui a donné du rôti de veau trois fois dans la même semaine; enfin, un troisième pousse un long soupir en arrivant à ces mots de sa prière du soir : « Donnez-nous aujourd'hui notre pain quotidien », et une larme brille dans ses yeux tournés vers plusieurs petites bouches qui viennent d'avaler le dernier morceau de pain qui se trouvait dans la huche; cependant, les enfants se sont mis au lit avec la même joie que si la table était déjà mise pour le lendemain.

Mais si le lecteur a chez lui une Bible, il y trouvera un passage qui dit que les petits oiseaux du ciel ne sèment ni ne récoltent, et trouvent cependant chaque jour leur pâture, tandis que l'homme qui sème et récolte et qui voit tous les jours qu'un esprit supérieur dirige tout dans la nature, est continuellement dans l'inquiétude de mourir de faim.

Si le père de famille doit pourvoir les bouches de ses enfants, il faut aussi que tu fournisses la nourriture à tes animaux : il ne sera donc pas inopportun d'écouter pendant un quart d'heure l'auteur de ce petit livre, qui te dira où passe toute cette nourriture, de quelle manière elle est employée et dépensée, car un affouragement utile se base uni-

quement sur l'intelligence qui préside au choix et à la distribution de la nourriture donnée aux bestiaux.

Nous avons déjà vu que les hommes et les animaux
forment un anneau de plus dans la chaîne de transformation des substances, et qu'ils ne peuvent s'approprier les
substances de la nature dans leurs formes primitives, mais
bien dans leurs formes composées, telles que les plantes
les leur livrent. L'animal ne peut se nourrir que des formes du monde vivant, qu'il transforme immédiatement en
celles de son corps. L'albumine et la graisse dans le corps
des plantes, sont absolument semblables à celles de la
viande et des cellules de graisse du corps de l'animal ; les
instruments digestifs de l'animal n'ont pas d'autre mission que de dissoudre les substances déjà formées dans la
plante, de les mettre en liaison avec l'oxygène de l'air,
puis, de les disposer de nouveau dans les endroits du corps
destinés à les recevoir.

Nous avons déjà fait connaissance, dans le chapitre VI,
avec les différents groupes de substances végétales, d'où
nous distinguons ici, comme les principales, les substances
albumineuses, la graisse, l'amidon et les principes composants cendreux.

Elles ont dans le corps de l'animal différentes missions
importantes, car elles servent au remplacement et à la
formation nouvelle des parties du corps et des produits
animaux, tels que graisse, lait, laine, etc., ainsi qu'au
remplacement de la force et de la chaleur dans le corps de
l'animal.

Les substances albumineuses qui, outre le carbone, l'hydrogène et l'oxygène, contiennent aussi de l'azote, jouent
le plus grand rôle dans la nourriture des animaux, parce
qu'elles fournissent la substance pour toutes les formations
nouvelles, et donnent de la force au corps. Dans leur par-
cours circulaire à travers le corps, elles sont comme prin-

cipes composants du sang, transformées en nourriture par
l'oxygène de l'air, transportées dans les différentes parties
du corps, en parties détruites, puis rejetées extérieurement.
Les animaux maigres en ont besoin d'une quantité beaucoup plus grande que les animaux gras, parce que, chez
ceux-ci, il s'en détruit beaucoup moins dans le cours du
sang, que chez ceux-là. De là, vient aussi qu'il faut une
nourriture plus légère aux animaux gras qu'aux maigres,
car nous savons qu'un animal gras mange beaucoup moins
qu'un maigre.

Les substances albumineuses se transforment aussi
en partie, en graisse, quand elles sont en quantité suffisante, et fournissent même du calorique au corps, quand
celui-ci n'est pas fourni en quantité suffisante par les substances amidonnées.

Les plantes abandonnent leurs parties graisseuses pour
former la graisse des animaux; cette graisse ne contient
pas d'azote, mais provoque la dissolution et la digestion
des substances albumineuses, quand elle est contenue en
petite quantité dans le fourrage, car en trop grande quantité, elle enraye la digestion. Le gras livre également du
calorique au corps, lorsqu'il y a manque d'amidon.

L'amidon, l'acide des plantes et autres substances semblables, sont les véritables caloriques du corps de l'animal; pris en trop grande quantité, ils s'en vont sans être
digérés, et nuisent également à la digestion des substances
albumineuses. L'amidon est difficilement digestif dans les
fibres ligneuses; c'est dans le sucre qu'il se laisse digérer
le plus facilement.

Outre ces principes combustibles, le corps animal demande également des principes composants cendreux,
comme principes nécessaires à la chair, au sang et à la
construction de la charpente osseuse.

Nous traiterons de plus près, dans la leçon sur l'affouragement, la grande question des proportions dans lesquelles les différentes substances nutritives doivent être données à l'animal.

Nous poursuivons, maintenant, le chemin de la nourriture à travers le corps de l'animal et nous voyons de quelle admirable manière elle est travaillée.

Il y a pour l'entretien de la vie dans le corps de l'animal, trois sortes de fonctions ou organes agissant spontanément, tout en étant étroitement unis l'un à l'autre, et s'entr'aidant mutuellement. Ces organes servent à la « respiration », la « digestion » et à la « circulation du sang ».

Les organes digestifs peuvent être considérés comme le moulin qui sert à moudre les aliments et à les dissoudre. Le premier tournant est la bouche; les dents broient la nourriture, tandis que la langue la promène dans la bouche et la ramène sous les dents, humectée de salive et rendue glissante. La salive est un liquide aqueux qui est fourni par les glandes qui se trouvent aux deux côtés de la mâchoire inférieure, dans la direction des oreilles. Les bouchées bien mâchées sont poussées par la langue à travers la gorge, dans l'œsophage, par lequel elles glissent dans l'estomac. L'estomac et les boyaux se trouvent dans la cavité abdominale qui est séparée par le diaphragme de la cavité thoracique. La forme et la composition de l'estomac n'est pas la même chez les animaux ruminants, bœufs, moutons, etc, que chez les non-ruminants, cheval, porc.

L'estomac ne travaille pas comme la meule du moulin, car il met en mouvement les aliments, par la contraction de ses parois; ceux-ci se meuvent alors de droite à gauche contre les parois de l'estomac, jusqu'à ce que peu à peu leur dissolution ait lieu par les sucs gastriques qui se détachent de ces parois. Quand de nouvelles substances nutritives sont amenées, celles déjà digérées se placent vers l'intérieur. A la sortie de l'estomac dans le canal intestinal, est un bourrelet circulaire appelé « guichet », qui évite au[x] substances non-encore dissoutes ou trop dures, un passag[e] trop rapide dans le canal intestinal.

La disposition compliquée de l'estomac des ruminants est nécessaire pour la préparation de la grande quantit[é] de substances rudes et en partie difficilement digestives qu'ils doivent avaler.

La rumination consiste en ce que les aliments, aprè[s] avoir parcouru les deux estomacs et avoir été un pe[u] amollis par leurs sucs, sont ramenés de nouveau dans l[a] gorge et dans la bouche par la contraction des parois d[u] ventre et de l'estomac. Après avoir été de nouveau mâ[-] chés plus fin, ils pénètrent à travers les deux estomac[s] immédiatement dans le troisième, appelé feuillet ou psal[-] térion, dont la peau est disposée comme les feuilles d'u[n] livre, et de là dans le quatrième estomac en forme de poire d'où ils passent dans le canal intestinal.

La dissolution des substances alimentaires se fait par l[e] suc gastrique, liquide muqueux, amer, qui a sur les subs[-] tances arrivées à l'estomac, une action très dissolvante[.] La longueur de la dissolution des substances est, naturel[-] lement, dépendante de leur digestibilité et dure de deu[x] à quatre heures. Les substances alimentaires doivent no[n] seulement contenir la quantité nécessaire de substanc[e] nutritive, mais encore être d'un volume suffisant, car san[s] cela, l'estomac ne serait pas mis convenablement en acti[-] vité. La nourriture qui, dans sa composition, se rapproch[e] le plus de celle du corps des animaux, est celle qui se dis[-] sout le plus facilement. Les boissons sont aspirées rapi[-] dement par les parois de l'estomac, cependant la digestio[n] en est retardée, et rendue difficile lorsque beaucoup de nour[-] riture liquide est prise en même temps que le fourrage[.]

De l'estomac, la nourriture transformée maintenant e[n] une sorte de bouillie, pénètre dans le canal intestinal qu[i] consiste en deux divisions principales : l'intestin long et mince, et l'intestin court et épais; tous les deux se terminent à l'anus. Le canal intestinal est très long; chez le cheval, dix à onze fois la longueur de son corps, vingt-deux fois chez le bœuf, et vingt-sept à vingt huit fois, chez le mouton. Cette longueur est nécessaire, en partie pour terminer la transformation de la bouillie alimentaire en suc gastrique, en partie pour aspirer à travers ses parois, le suc gastrique dissous et le transporter dans le corps où se continue son travail. Par un mouvement vermiforme des boyaux, la bouillie alimentaire est poussée peu à peu vers l'anus et, tout d'abord, mêlée dans les intestins mêmes avec le suc intestinal, semblable au suc gastrique, la salive du ventre et la bile. La bouillie alimentaire est liquide dans tous les petits intestins et devient peu à peu, plus épaisse quand elle arrive dans les gros intestins qui lui sucent, par leurs parois, plus de suc nutritif. Le foie contribue beaucoup à la transformation des aliments dans le canal intestinal, en séparant la bile et la versant directement dans le canal intestinal comme chez le cheval, ou bien en la conservant dans la vésicule biliaire, jusqu'au moment de son emploi. La bile est un liquide verdâtre, amer, qui amasse l'acide du suc gastrique.

Après son mélange, la digestion est finie. La bouillie alimentaire se divise alors en deux parts, l'une solide qui est rejetée du corps parce qu'elle n'est pas propre à l'assimilation ; l'autre, liquide, qui contient, dissoutes, toutes les parties des aliments utiles au corps et qui, à cause de cela, est nommée chyle ou suc nourricier. Le foie a la tâche de purifier le sang des substances carboniques superflues; il est d'une grosseur notable et consiste en un amas de petits atomes grenus, solides, entre lesquels courrent une quantité de vaisseaux sanguins, et desquels sortent le petits canaux qui séparent la bile.

Les restes de nourriture non-digestibles, sont rejetés du corps de l'animal par le rectum et l'anus, tandis que le chyle est aspiré par une quantité de cellules spongieuses qui se trouvent dans les parois du petit intestin, et conduit par de petits canaux que l'on nomme vaisseaux lymphatiques, jusqu'à la poitrine, où tous les vaisseaux lymphatiques se réunissent à un tronc principal appelé conduit thoracique. Ce suc laiteux, d'une couleur jaune blanchâtre, prend peu à peu une teinte rouge pâle, et est dans ses principes composants, parfaitement semblable au sang cependant il doit subir encore une plus ample préparation avant d'être complètement utile à la nourriture du corps

Nous arrivons à la seconde organisation non moins importante du corps de l'animal, à la circulation du sang Sa mission est de distribuer le sang dans toutes les parties du corps, puis d'un autre côté, de ramasser les principes composants du corps, qui ont été utilisés ou qui ne sont pas purifiés, pour les ramener au cœur, où ils subiront un nouveau nettoyage et seront préparés pour un nouvel emploi. En même temps, la circulation du sang sert à la distribution d'une chaleur régulière que le sang donne au corps entier. La machine qui opère la circulation du sang est le cœur, espèce de pompe automatique pourvue de soupapes.

Le cœur est un muscle charnu, creux intérieurement et divisé en deux parties principales : les ventricules droit et gauche, pourvus chacun d'une oreillette, et séparés l'un de l'autre par un entre-deux. Lorsque le cœur se contracte, il pousse le sang dans le corps et dans les poumons; en même temps, les soupapes de veines qui amènent le sang se ferment; quand il se dilate, ces soupapes s'ouvrent et il se remplit de sang qui est de nouveau refoulé dans le corps, par la prochaine contraction.

Le poumon consiste en deux pièces en forme d'ailes, formant une masse spongieuse composée de cellules infiniment petites, dans lesquelles les vaisseaux sanguins se divisent en d'innombrables petits rameaux. Par le conduit aérien qui arrive à la bouche, il se trouve en communication avec le monde extérieur. La contraction ou la dilatation de la cavité thoracique fait que, tantôt il se remplit d'air frais par suite de l'espace libre qui se produit, tantôt il rejette l'air gâté qu'il contient; c'est ce qui constitue la respiration. Le but de la respiration est de délivrer le sang dans le poumon des substances carboniques superflues, car lorsque celui-ci est mis en contact avec l'oxygène de l'air, il se produit une combustion qui est la cause principale de la chaleur dans le corps de l'animal. Une partie de cette substance carbonique est par cela transformée en acide carbonique, et rejetée des corps par l'exhalation. Le sang purifié rentre alors dans l'oreillette et de celle-ci passe dans le ventricule gauche. De là il commence à travers les veines, sa grande circulation dans le corps. La contraction du cœur produit un mouvement refoulant du sang dans les veines que l'on sent par les battements du pouls, et les veines qui conduisent le sang se nomment artères. Celles-ci se répandent dans tout le corps, et se divisent à partir des troncs principaux en ramifications toujours plus fines; de ces artères le sang passe enfin dans le corps et lui fournit ainsi sa nourriture. Ces veines qui conduisent le sang au corps sont en liaison étroite avec celles qui recueillent le sang superflu, en partie gâté, et le reconduisent au cœur.

Les artères, en se divisant ainsi en ramifications de plus en plus petites, passent dans les plus petites ramifications des veines qui sont réparties partout dans le corps de l'animal et se réunissent peu à peu aux rameaux plus forts et aux branches principales qui ramènent le sang au cœur.

En elles se reverse aussi le suc laiteux blanc jaunâtre venant des organes digestifs, et le fait pénétrer ainsi jusqu'au cœur. Les vaisseaux capillaires qui reçoivent le sang de l'estomac et des autres entrailles de la cavité abdominale pour le conduire au cœur, se ramifient dans le foie où ils séparent la bile avant d'amener le sang au cœur.

Dans les artères coule un sang rouge clair, tandis que dans les veines le sang est d'un rouge foncé, et celles-ci se trouvent immédiatement sous la peau, ce qui fait que l'on peut les ouvrir facilement pour des saignées. Ainsi nous voyons le sang circuler constamment du cœur aux poumons, et des poumons au cœur, puis du cœur il passe dans le corps et revient encore au cœur. Il est très riche en azote et contient toutes les substances dont sont formées les diverses parties du corps de l'animal : substances fibreuses et albumine qui forment les muscles et la peau, chaux phosphoreuse acidulée, qui forme les os, graisse qui se dépose dans les cellules particulières. Le sang est le véritable liquide nutritif du corps et nous pouvons dire avec certitude que chaque partie du corps a été formée par le sang.

Plusieurs dispositions font exécuter le rejet du corps, d'une quantité de principes composants du sang, usés. Nous avons déjà vu plus haut que le poumon fait en partie ce service; d'autre part, des séparations semblables sont causées par les glandes salivaires, les glandes muqueuses, le foie, etc., qui emploient d'un autre côté dans le corps les substances ainsi séparées. Par contre, d'autres substances séparées sont inservables; elles sont alors aspirées par des glandes, et rejetées hors du corps ou bien rassemblées dans des réservoirs spéciaux.

Les organes de triage les plus importants sont la peau et les reins. L'action de la peau est extrèmement importante au bien-être de tout le corps, car elle sépare à travers ses pores, au moyen de l'évaporation et de la transpiration, une grande quantité de substances usées.

Elle consiste en plusieurs couches d'une peau supérieure fine et pourvue de nombreux pores, en une membrane muqueuse, puis une peau coriacée, sous laquelle est posée encore une peau charnue, qui a elle-même au-dessous d'elle une peau cellulaire formée par un tendre tissu de cellules. La peau est entrelacée par de nombreux vaisseaux très fins, qui lui amènent le sang nécessaire à sa nourriture, et qui en même temps le placent en action réciproque avec l'air extérieur et provoquent ainsi la séparation des parties usées, par l'évaporation et la sueur à travers les vaisseaux capillaires de la peau.

En outre des glandes de transpiration, nous trouvons encore sous la peau les glandes sébacées, qui rendent une graisse particulière appelée graisse de peau, qui donne aux poils le brillant que l'on ne remarque pas lorsque les animaux sont mal nourris. L'entretien de l'évaporation par la peau est d'une importance d'autant plus grande que les glandes de transpiration et les glandes sébacées sont indispensables au mélange du sang. Si cette action se trouve interrompue, par exemple par un refroidissement, le manque de propreté ou quelque autre cause, il reste alors dans le sang une certaine écume, et d'autres parties, soit le poumon, soit les reins, etc., sont obligées d'en opérer la séparation; mais cette augmentation de travail peut les rendre malades. C'est ainsi qu'au printemps et à l'automne il se produit une augmentation dans l'action de la peau, qui se fait sentir par la perte des poils; une perte incomplète de ces poils est donc un signe que l'action de la peau est entravée.

La séparation des substances dans le corps de l'animal est, avec la respiration, la cause de la chaleur des corps, car par cela qu'une quantité de substances liquides dans le corps prennent des formes solides, la chaleur devient libre de même que dans le cas contraire il nous faut de la chaleur pour rendre liquide un corps dur, par exemple pour transformer de la glace en eau. Par cela, s'explique comment les séparations et les évaporations règlent la chaleur du corps, car lorsqu'il vient au corps trop de chaleur, soit de l'intérieur, soit de l'extérieur, les sécrétions sortant sous forme de sueur retiennent la chaleur superflue par leur transformation en vapeur. C'est pourquoi nous devons, lors d'un grand échauffement du sang, par exemple dans les jours chauds de l'été, prendre plus de liquide, pour pouvoir offrir au sang les substances nécessaires à ses secrétions pour le rafraîchissement du corps.

La séparation de l'urine a lieu dans les reins qui consistent en une masse glanduleuse et grenue, qui sépare l'urine du sang des veines. Elle arrive goutte à goutte par de petits canaux dans la vessie ou elle s'amasse, jusqu'à ce que par le trop-plein et l'irritation il se produise une contraction des parois de la vessie qui entraîne l'évacuation à travers l'urètre.

Les poils sont de petit tubes longs plantés dans les cavités de la peau supérieure par leurs racines. Ils ne croissent que par leur extrémité inférieure et sont sans vaisseaux sanguins ou nerfs, ce qui fait qu'ils ne causent aucune douleur quand on les coupe. Le creux intérieur des poils est rempli d'une substance qui leur donne leur couleur. Les poils laineux des moutons, qui sont d'une si grande importance pour le cultivateur, ont une composition écailleuse et se distinguent de ceux des autres animaux par un haut degré d'élasticité, par leur finesse, leur souplesse, et leur crépure tout à fait particulière.

La séparation du lait, si utile au cultivateur, se fait par une glande compliquée, la glande à lait, contenue dans la tetine et recouverte d'une peau nerveuse. Le lait lui même est séparé du sang, et divers vaisseaux sanguins le conduisent à la tetine; c'est pourquoi l'on peut, non sans justesse, juger de la force d'activité de la tetine par les veines superficielles à grands courants, nommées veines de lait.

Les touffes de poils qui se trouvent sur les cuisses de derrière des vaches sont aussi en rapport très intime avec les vaisseaux sanguins qui se trouvent plus bas, et c'est pourquoi les miroirs à lait laissent juger avec assez de certitude du rendement de lait.

La glande à lait, par laquelle a lieu la séparation du lait, est pourvue de différents passages de sortie, qui se réunissent dans ce qu'on appelle la fosse à lait, réservoir d'où le lait est amené au dehors par les mamelles et mamelons. Chez les animaux domestiques ces mamelles sont placées entre les cuisses de derrière dans la partie inguinale.

Il faut en excepter la truie et les carnivores qui les ont sur les cotés du ventre, s'étendant jusqu'à la poitrine, avec cinq mamelons de chaque coté.

CHAPITRE IX

Services rendus par la science à l'agriculture.

On sait que les cultivateurs ont maigre confiance en ceux qui les veulent instruire sans être de leur état, et qu'ils ne croient guère à tous les préceptes et indications émanés du cabinet des savants.

— Bah! se disent-ils! ces hommes avec leurs balances, leurs cornues, leurs instruments de verre, que peuvent-ils connaitre aux besoins de nos champs, à l'entretien et à la nourriture de notre bétail? Nous le saurions du reste mieux qu'eux, si nous avions des engrais en suffisance, et si le fourrage ne disparaissait toujours trop vite. »

Mais voilà précisément ce qui fait défaut dans la culture, et le paysan ignore le moyen d'y remédier; il est forcé d'en convenir. Mais il rit en songeant à l'ignorance d'un monsieur qui ne saurait conduire lui-même la charrue ni charger un tombereau de fumier.

Tel est absolument le raisonnement que se faisaient nombre de prétendus praticiens à propos d'un grand chimiste Liebig, quand il leur montrait qu'ils faisaient fausse route et se perdaient inévitablement.

Mais Liebig répondait à leurs clameurs, que de fait il ignorait la culture, ne la pratiquant pas lui-même. « Je suis professeur de chimie et non d'agriculture, leur disait-il; c'est la première de ces sciences et non la seconde qu'intéresse plus directement mes recherches; mais puisque la science doit précéder le travail, mes travaux doivent servir de fondement à une nouvelle et plus saine entente de l'économie rurale. »

Il renversa les anciens préjugés sur l'alimentation végétale et les effets des engrais, en démontrant qu'on prenait pour l'expérience des hypothèses, et que le pire danger pour l'homme est de s'en rapporter aux autres sans constater la justesse de leurs affirmations.

Nos lecteurs ont vu dans les chapitres antérieurs que les plantes sont formées de quelques gaz et de quelques parties cinéraires; mais cela fut à l'origne fort incommode à prouver. Il fallait brûler les plantes, en évaluer le carbone d'après l'acide carbonique qui s'en dégageait, calculer et peser par l'eau leur oxygène et leur hydrogène, et par les gaz leur azote.

Mais il ne suffit pas à Liebig de connaitre les éléments constitutifs des plantes; il voulut en rechercher l'origine, sonder les inépuisable sources de l'azote, du carbone, de l'oxygène et de l'hydrogène, auxquels elles empruntent leur alimentation; sujet qui n'était encore rien moins qu'éclairci. On croyait, par exemple, que les plantes tiraient leur carbone des détritus végétaux en fermentation, de l'humus, sans se demander où les premières plantes avaient bien pu elles-mêmes emprunter le leur.

Liebig renversa cette doctrine et démontra que la source du carbone est moins l'humus que l'acide carbonique qui, nous le savons, se dégage de maintes façons et est une combinaison de carbone et d'oxygène. Bien plus, l'humus lui-même ne peut alimenter les plantes qu'après sa transformation en acide carbonique.

Cette théorie, qui faisait de l'humus l'unique nourriture des plantes, lui faisait perdre ainsi son importance; car sa véritable valeur comme engrais était précisément attribuée à ses éléments carboniques. Cette découverte de Liebig éveilla cependant une tempête violente parmi tous les demi-savants qui ne voulaient point démordre de leurs préjugés.

Mêmes discussions sur l'origine de l'azote, dont on

prétendait l'existence antérieure à celle des plantes. Aussi une opinion répandue affirmait-elle qu'il était emprunté à l'air. Liebig leur prouva que tout l'azote des plantes venait de l'ammoniaque, qu'elles ne pouvaient s'en assimiler d'autres, et qu'ainsi il avait dû exister avant elles.

En dehors de ces parties combustibles des plantes, dont le retour à la végétation par l'air est aisément explicable, Liebig trouva encore de petites quantités de cendres qui demeurent après la combustion, et il leur attribua dans l'alimentation végétale un rôle non moins important qu'aux autres.

C'est une remarque qu'on n'avait pas faite pendant six mille années de culture. On avait ignoré l'importance de ces cendres, la manière dont le sol les produisait tous les ans, leur assimilation aux grains, au laitage, à toutes les espèces de bétail. On n'avait point réfléchi qu'elles ne reviennent pas à la terre, qu'elles manquent de plus en plus au sol, que celui-ci fournit des moissons de plus en plus maigres, malgré tous les efforts du cultivateur pour lui rendre en engrais ce qu'il lui a dérobé.

Perte modique, il est vrai, dans les cultures inférieures dont les productions sont restreintes, et à peine appréciable en un siècle ; mais énorme dans celle qui livrent de gros revenus. Liebig montra que de là étaient venus l'appauvrissement et la dépopulation de contrées jadis opulentes.

Nouvelle découverte, nouvelle tempête. Comment renoncer aux antiques préjugés ? Quant il eut en outre prouvé que ces cendres avaient plus d'importance que l'azote, celui-ci s'infiltrant fort peu dans les plantes et dans le sol par l'air, il en résulta une discussion qui ne fût pas sans acrimonie.

Ce fut à la nature à en décider. On n'avait attribué jusque là les qualités des os qu'à l'azote contenu dans la gélatine. Mais on observa qu'avec des os sans gélatine, on obtenait dans des champs pauvres en cendres des résultats surprenants; la théorie de Liebig gagna ainsi de plus en plus d'adhérents et peu à peu s'éclipsèrent devant ses raisons toutes les idées préconçues. Le cultivateur le plus hostile aux savants qui pensent lui en remontrer dans sa profession, partage lui-même les idées de Liebig; car ce n'est pas dans sa maison qu'il voiture le sac plein d'os en poudre, de superphosphate ou de sels alcalins; et malgré son horreur pour les noms scientifiques, il reconnait qu'il a depuis grandement amélioré son trèfle et son froment. L'orgueil qu'il a de ses récoltes, est le plus bel hommage qu'il puisse rendre à Liebig.

Il faut donc être modeste et ne point mépriser tous ceux qui n'ont jamais conduit la charrue ni la herse. Les découvertes de Liebig comptent parmi les plus belles inventions de l'esprit humain. Il nous mit en main les moyens de prévenir la stérilisation du sol, en nous apprenant à recueillir et à lui rendre les cendres que nous trouvons dans les os ou ailleurs.

Tandis que ses compatriotes se chamaillaient avec lui et lui reprochaient de se croire supérieur à tous les autres, les Anglais, de 1853 à 1856, importaient d'Allemagne 315,000 quintaux d'os, les Américains peut-être davantage encore; jusqu'à ce qu'enfin les Allemands s'aperçurent du préjudice que leur causait un pareil état de choses.

Liebig ne s'en tint pas aux os; pourvu que le champ fût muni d'acide phosphorique, qu'importait qu'il vînt d'ailleurs? Or, il en trouva en abondance dans les dépôts d'excrétions animales, dans le guano des iles lointaines de la mer du Sud, dans les ossements antédiluviens pétrifiés, dans certaines espèces de pierres fort répandues en Allemagne. Son inspiration fit équiper des navires pour aller chercher dans les contrées éloignées les trésors de leurs engrais; il sut faire exploiter ceux de l'intérieur qui vinrent profiter à la culture. On ne regardait encore les cendres que comme destinées à rendre au sol l'alcali qu'il perdait : la science ne s'arrêta pas avant d'avoir découvert à Stassfurt les sels alcalins, source féconde de ces engrais précieux; la culture du tabac et de la betterave aurait épuisé nos terroirs les plus fertiles, s'ils ne recouvraient ainsi l'alcali qu'on leur enlève.

La guerre dépeuple moins un pays que l'épuisement de son sol, et l'histoire le démontre en maint endroit. On peut donc regarder Liebig comme un général pacifique qui a reconquis le sol du monde entier à la culture. Il a fait plus encore : non seulement ses découvertes ont accru notre bien-être, mais elles prouvent l'importance de la science de la nature; elles montrent que l'instruction doit guider nos labeurs. C'est ainsi que l'étude de la nature et de ses phénomènes a pénétré dans toutes nos institutions rurales, jusque dans les écoles les plus modestes, où une saine instruction vient rendre l'homme meilleur et plus libre.

Il a délivré notre culture des liens de l'enfance et de la tradition, supprimé les vieilles hypothèses, créé une méthode expérimentale demandant aux lois naturelles elles-mêmes les conditions d'un travail rémunérateur. Sans doute, nous n'en sommes encore qu'au seuil de la science et un vaste champ reste ouvert aux investigations.

En terminant ce petit livre par le résumé des travaux d'un savant qui a appliqué à l'agriculture la science dont il avait acquis les éléments auprès d'un célèbre chimiste français, Gay-Lussac, j'ai voulu démontrer aux cultivateurs qu'ils ne doivent pas dédaigner les conseils de l'homme qui, incapable, certes, de mener la charrue, travaille dans son laboratoire à découvrir les secrets de la nature.

C'est au cultivateur qui, continuellement se trouve à *l'École de la nature*, d'appliquer tous les éléments théoriques et pratiques qui résultent des travaux scientifiques ou de sa propre observation.

A mesure que se développe l'instruction publique en France, le cultivateur doit abandonner le sillon tracé par la routine pour adopter les nouvelles données scientifiques et les nouveaux engrais dont l'application raisonnée lui procurera, moins de travail, plus de bien-être, et par cela même, plus de liberté !

FIN

TABLE DES MATIÈRES

Paris — Typ. Paul Schmidt, 5, rue Perronet.